分布式光伏
规模化接入的配电网规划

国网山东省电力公司经济技术研究院　组编

中国电力出版社
CHINA ELECTRIC POWER PRESS

图书在版编目（CIP）数据

分布式光伏规模化接入的配电网规划 ／ 国网山东省
电力公司经济技术研究院组编． -- 北京：中国电力出版
社，2025．5． -- ISBN 978-7-5198-9582-2

Ⅰ．TM615

中国国家版本馆 CIP 数据核字第 2025ZU4525 号

出版发行：中国电力出版社
地　　址：北京市东城区北京站西街 19 号（邮政编码 100005）
网　　址：http://www.cepp.sgcc.com.cn
责任编辑：罗　艳（010-63412315）　高　芬
责任校对：黄　蓓　常燕昆
装帧设计：张俊霞
责任印制：石　雷

印　　刷：廊坊市文峰档案印务有限公司
版　　次：2025 年 5 月第一版
印　　次：2025 年 5 月北京第一次印刷
开　　本：710 毫米×1000 毫米　16 开本
印　　张：11.75
字　　数：182 千字
印　　数：0001—1000 册
定　　价：59.00 元

编　委　会

前　言

　　能源是人类赖以生存和发展的基础,是关系国家安全稳定、国民经济发展的根本战略资源。在"双碳"目标的要求下,需大力发展光伏等可再生清洁能源,促进供能侧从传统化石能源向可再生能源转移,逐步形成以高比例可再生能源为主体的能源供给结构。

　　分布式光伏出力具有较强的随机性和波动性。随着分布式光伏渗透率逐步提高,若未科学妥善地引导分布式光伏规划布局,将可能导致利用率受限,造成投资浪费,反之也可能引发运行时分布式光伏出力反向上送,导致变压器和线路反向重过载、网损增加、节点电压越限等问题,给配电网安全运行和分布式光伏开发利用带来挑战。随着分布式光伏规模化接入配电网,配电网由无源网向有源网转变,潮流由单向向双向转变;负荷由纯消费型向生产与消费兼具转变,由刚性需求向可调可控转变,原有的规划方法亟须发生变革。

　　为此,国网山东省电力公司经济技术研究院依据《山东配电网规划设计技术规范》等技术标准和规范,紧扣新发展理念,紧扣分布式光伏规模化开发等国家重大战略,从分布式光伏发展概况、分布式光伏规模化发展对配电网的影响、源荷特性分析、分布式光伏接入配电网典型方案、配电网网格化规划、分层分区网架规划与设备配置方法、配电网智能化规划方法、有源配电网演进路径发展策略等方面开展专题研究,并在研究成果基础上,总结提炼分布式光伏规模化接入的配电网规划,为分布式光伏规模化开发、配电网高质量发展做好支撑。

编者

2025 年 1 月

目　录

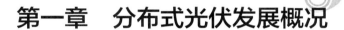

第一章　分布式光伏发展概况

本章目标

　　了解目前国内分布式光伏发展趋势；能够准确识别不同的分布式光伏开发场景；了解不同的分布式光伏开发建设模式；熟悉分布式光伏开发相关政策。

第一节　发　展　趋　势

　　当前，在全球能源转型与能源变革发展的大背景下，加快推进能源清洁低碳发展，尽早实现碳中和已经成为全球共识和大势所趋。2021 年 3 月 15 日，习近平总书记在中央财经委员会第九次会议中指出"十四五"是碳达峰的关键期、窗口期，要构建清洁低碳安全高效的能源体系，控制化石能源总量，着力提高利用效能，实施可再生能源替代行动，深化电力体制改革，构建以新能源为主体的新型电力系统。

　　构建以光伏等新能源为主体的、含分布式智能电网的新型电力系统是实现"双碳"目标的迫切需要，在此背景下，新能源发展将进一步提速，未来电力系统势必向着"绿色清洁"的方向发展。因此，分布式光伏发电等快速发展带来的配电网"有源化"将成为未来配电网的重要特征。

　　随着光伏组件成本不断降低，光伏产业得到进一步发展。截至 2023 年底，全国光伏发电累计并网容量 60949 万 kW，其中集中式光伏电站 35505 万 kW，分布式光伏 25444 万 kW。

第二节　发　展　场　景

　　分布式光伏发电系统倡导就近发电、就近并网、就近转换、就近使用，有效解决了电力在升压及长距离输送过程中的损耗问题，是一种新型的、具有广阔发展前景的发电和能源综合利用方式，是光伏发展的重要方向。

相对于集中式光伏电站，分布式光伏电站的资源利用率更高，开发与建设不需要额外占用土地资源，根据不同开发环境可进行针对性的设计布局，具有较高的土地集约性。同时，由于分布式光伏电站以厂房建筑物屋顶等闲置资源作为发电场地，充分利用相对碎片化的太阳能光照资源，提高了太阳能发电效率。例如，在北京、上海、广州、深圳等一线城市中心地段的购物中心或写字楼屋顶建设分布式光伏电站，能够有效利用核心商务区的屋顶面积，极大地提高空间利用率。

此外，分布式光伏电站规模较小、易于建设，与传统发电形式相比，其所发电能无论自用还是并网销售均具备很强的便利性。现阶段，分布式光伏主要包含"自发自用、余电上网""全额上网""自发自用、余电不上网"3种结算模式，业主可灵活考虑自身用电负荷情况、投资收益等因素，选择不同的开发模式，实现就地就近消纳，减少弃光现象。

根据光伏组件安装位置的不同，分布式光伏发展场景主要分为建筑附着（屋顶）分布式光伏、建筑一体化分布式光伏、农光互补分布式光伏、渔光互补分布式光伏、荒地（滩涂）分布式光伏等。

1. 建筑附着（屋顶式）分布式光伏

建筑附着（屋顶式）分布式光伏（见图1-1～图1-4）主要安装于建筑物屋顶，包括工商业建筑屋顶、党政机关建筑屋顶、医院屋顶、学校屋顶、居民住宅屋顶等，资源丰富，可利用面积在分布式光伏发展场景中占比最高。以山东省为例，屋顶分布式光伏装机容量能够占到分布式光伏总装机容量的87%。

图1-1　彩钢瓦厂房屋顶分布式光伏

图1-2 行政办公屋顶分布式光伏

图1-3 学校屋顶分布式光伏

图1-4 农村屋顶分布式光伏

2．建筑一体化分布式光伏（BIPV）

建筑一体化分布式光伏（见图 1-5）不同于建筑附着（屋顶）分布式光伏，

是一种将太阳能发电方阵安装在建筑围护结构表面来提供电力，将太阳能发电（光伏）产品集成到建筑上的技术。根据光伏方阵与结构结合方式的不同，BIPV主要分为两类：一类是光伏方阵与建筑的结合，这种方式是将光伏方阵安装在已有建筑的屋顶、墙面等结构上，不影响原有建筑物的功能；一类是光伏方阵与建筑的集成，这种方式是将光伏组件以建筑材料的形式成为建筑的一部分。

图 1-5　建筑一体化分布式光伏

3．农光互补分布式光伏

农光互补分布式光伏主要安装于农业生产大棚、养殖棚舍屋顶，其中农业生产大棚包括连栋式大棚、独栋式大棚、附加式大棚、敞开式大棚等形式。

（1）农业生产大棚分布式光伏（见图 1-6）。在农业生产大棚上安装分布式光伏，利用农业大棚棚顶进行太阳能发电，棚内进行农业生产。

图 1-6　大棚农光互补分布式光伏

（2）养殖棚舍屋顶分布式光伏。在保温性能要求不高时，光伏组件可直接做养殖棚舍屋顶的围护材料，组件之间缝隙采用密封条及结构胶做防水处理。

4．渔光互补分布式光伏

渔光互补分布式光伏（见图 1-7）主要与渔业生产相结合，漂浮于水面，能够解决土地缺乏的困境，但造价相对偏高。

图 1-7　渔光互补分布式光伏

5．荒地（滩涂）分布式光伏

荒地（滩涂）分布式光伏（见图 1-8）是利用农村闲置荒地或者空闲区域开发的地面分布式光伏。目前主要应用场景为光伏扶贫项目。

图 1-8　荒地分布式光伏

第三节 开发建设模式

资金来源和投资收益方式是影响屋顶分布式光伏开发的关键因素，投资开发主体可以采用屋顶租赁、电量电价收益分成等模式盘活闲置屋顶资源。

1．屋顶租赁模式

在具备应用条件的党政机关、医院、学校、工商业及农村居民所属建构筑物屋顶，可采用屋顶租赁模式，租赁费用应当按照屋顶装机实际面积确定单价，由开发企业按年向屋顶业主支付租赁费用。

2．电量电价收益分成模式

在屋顶光伏电站运营期内，开发企业与屋顶业主协商确定，按照屋顶电站年度总发电量向屋顶业主支付电价现金比例分成。

3．合同能源管理模式

开发企业与屋顶业主协商确定，屋顶分布式光伏发电量由业主优先使用，富余电力上网。屋顶业主购买电价不得高于光伏发电上网电价。

4．"业主入股"模式

由投资建设运营企业出资建设运营，屋主以屋顶面积折价量化参股，按比例分享发电收益，具体参股比例由双方自行协商。

5．整镇推进模式

对于有条件的乡镇政府，可以与经济效益好的央企、国企或本地企业实施集中连片开发、整镇推进，多样多元推进示范应用，充分发挥其技术和市场开拓优势，大力推动乡村振兴，建设模式以屋顶为主，兼顾路灯、户外棚体等。

第四节 相 关 政 策

2021年以来，国内密集出台了一系列推动分布式光伏高速发展的政策。2021年6月，国家能源局综合司发布《关于报送整县（市、区）屋顶分布式光伏开发试点方案的通知》，明确指出为加快推进屋顶分布式光伏发展，将在全国组织开展整县（市、区）推进屋顶分布式光伏开发试点工作，其中党政机关建筑屋顶总面积可安装光伏发电比例不低于 50%；学校、医院、村委会等公共建筑屋顶总面积可安装光伏发电比例不低于 40%；工商业厂房屋顶总面积可安装光伏发电比例不低于 30%；农村居民屋顶总面积可安装光伏发电比例不低于 20%。

2021 年 9 月，国家能源局综合司发布《关于公布整县（市、区）屋顶分布式光伏开发试点名单的通知》，各省（自治区、直辖市）及新疆生产建设兵团共报送试点县（市、区）676 个，全部列为整县（市、区）屋顶分布式光伏开发试点。相关政策将推动各地共同参与分布式光伏发电的开发，进一步加快我国户用分布式光伏发电的发展。

2021 年 12 月，国家能源局、农业农村部、国家乡村振兴局联合印发《加快农村能源转型发展助力乡村振兴的实施意见》，提出要将能源绿色低碳发展作为乡村振兴的重要基础和动力，支持具备资源条件的地区，采取"公司+村镇+农户"等模式，利用农户闲置土地和农房屋顶，建设分布式风电和光伏发电，配置一定比例储能，自发自用，就地消纳，余电上网，农户获取稳定的租金或电费收益。

2022 年 3 月，国家能源局发布《2022 年能源工作指导意见》，明确提出继续实施整县屋顶分布式光伏开发建设，加强实施情况监管。因地制宜组织开展"千家万户沐光行动"，充分利用油气矿区、工矿场区、工业园区的土地、屋顶资源开发分布式风电、光伏发电。

2022 年 5 月，国家发展改革委、国家能源局发布《关于促进新时代新能源高质量发展的实施方案》，提出要促进新能源开发利用与乡村振兴融合发展，鼓励地方政府加大力度支持农民利用自有建筑屋顶建设户用光伏。在具备条件的工业企业、工业园区，加快发展分布式光伏发电、分散式风电等新能源项目，到 2025 年，公共机构新建建筑屋顶光伏覆盖率力争达到 50%；鼓励公共机构既有建筑等安装光伏或太阳能热利用设施。

2022 年 6 月，国家发展改革委、国家能源局等九部门联合发布《"十四五"可再生能源发展规划》，提出大力推动光伏发电多场景融合开发。全面推进分布式光伏开发，重点推进工业园区、经济开发区、公共建筑等屋顶光伏开发利用行动，在新建厂房和公共建筑积极推进光伏建筑一体化开发，实施"千家万户沐光行动"，规范有序推进整县（区）屋顶分布式光伏开发，建设光伏新村。上述一系列国家政策的发布标志着分布式光伏发电在我国进入全面快速发展阶段。

2023 年 8 月，国家发展改革委、财政部、国家能源局联合发布《关于做好可再生能源绿色电力证书全覆盖工作促进可再生能源电力消费的通知》（简称《通知》），提出绿证是我国可再生能源电量环境属性的唯一证明，是认定可再生能源电力生产、消费的唯一凭证。国家对符合条件的可再生能源电量核发绿证，1 个绿证单位对应 1000kWh 可再生能源电量。《通知》要求，规范绿证核发，对全国风电（含分散式风电和海上风电）、太阳能发电（含分布式光伏发电和光热发电）等已建档立卡的可再生能源发电项目所生产的全部电量核发绿证，实现绿证核发全覆盖。根据"中国绿色电力证书认购交易平台"的数据，2023 年 1—8 月风电、光伏绿证平均销售价格 42.2 元/张，按照 1 个绿证单位对应 1000kWh 可再生能源电量，绿证可给风电、光伏发电项目带来 0.03～0.05 元/kWh 的绿色电力收益。可交易绿证除用作可再生能源电力消费凭证外，还可通过参与绿证绿电交易等方式在发电企业和用户间有偿转让。

2023 年 10 月，交通运输部会同国家发展改革委等共 9 部门和单位印发《关于推进城市公共交通健康可持续发展的若干意见》，提出支持在城市公共汽（电）车企业自有、租赁场站建设完善新能源城市公交车辆充电设施，保障用电接入条件，有效满足车辆充电需求。因地制宜推进适宜区域合理布局光伏发电设施。

2023 年 10 月，国家能源局发布《关于进一步规范可再生能源发电项目电力业务许可管理的通知》，明确可再生能源发电项目相关管理人员兼任范围，规范可再生能源发电项目许可登记，调整可再生能源发电项目（机组）许可延续政策、明确异地注册企业电力业务许可管理职责等；此外，还提出光伏发电项目以交流侧容量（逆变器的额定输出功率之和，单位为 MW）在电力业务许可证中登记，分批投产的可以分批登记。

2023 年 10 月，国家发展改革委、国家能源局发布《加强新形势下电力系统稳定工作的指导意见》，提出大力提升新能源主动支撑能力，推动系统友好型电站建设，有序推动储能与可再生能源协同发展，逐步实现新能源对传统能源的可靠替代；协同推进大型新能源基地、调节支撑资源和外送通道开发建设，推动基地按相关标准要求配置储能，保障外送电力的连续性、稳定性和高效性。

2023 年 11 月，国家发展改革委办公厅、国家能源局综合司发布《关于进一步加快电力现货市场建设工作的通知》，提出加快放开各类电源参与电力现货市场。按照 2030 年新能源全面参与市场交易的时间节点，现货试点地区结合实际制定分步实施方案。对于分布式新能源装机占比较高的地区，推动分布式新能源上网电量参与市场，探索参与市场的有效机制。鼓励新型主体参与电力市场，通过市场化方式形成分时价格信号，推动储能、虚拟电厂、负荷聚合商等新型主体在削峰填谷、优化电能质量等方面发挥积极作用，探索"新能源+储能"等新方式。

2023 年 11 月，国家发展改革委印发《国家碳达峰试点建设方案》（简称《方案》），提出在全国范围内选择 100 个具有典型代表性的城市和园区开展碳达峰试点建设，探索不同资源禀赋和发展基础的城市和园区碳达峰路径，为全国提供可操作、可复制、可推广的经验做法，助力实现碳达峰、碳中和目标。根据《方案》，首批国家碳达峰试点名额已安排 35 个，涉及省份包括河北、山西、内蒙古、辽宁、黑龙江、江苏、浙江、安徽、山东、河南、湖北、湖南、广东、陕西、新疆。

2023 年 11 月，国家能源局网站发布《关于促进新型储能并网和调度运用的通知（征求意见稿）》，指出优化新型储能电站调度方式，科学确定新型储能调度运行方式，公平调用新型储能调节资源，积极支持"新能源+储能"、聚合储能、光储充一体化等模式发展，优先调用新型储能试点示范项目，充分发挥各类储能价值。电力调度机构调用电站时，对于参与电力市场的新型储能电站，优先按照市场出清结果安排新型储能运行，对于暂不具备参与电力市场条件的新型储能电站，通过调度指令进行调用。

2023 年 11 月，自然资源部办公厅印发《乡村振兴用地政策指南（2023 年）》，指出光伏方阵用地不得占用耕地，占用其他农用地的，应根据实际合理控制，节约集约用地，尽量避免对生态和农业生产造成影响。光伏方阵用地不得改变地表形态，以第三次全国国土调查及后续开展的年度国土变更调查成果为底版，依法依规进行管理。光伏方阵用地实行用地备案，不需按非农建设用地审批。光伏发电项目配套设施用地，按建设用地进行管理，依法依规办理建设用地审批手续，其中，涉及占用耕地的按规定落实占补平衡，符合光伏用地标准，位于方阵内部和四周，直接配套光伏方阵的道路，可按农村道路用地管理，涉及占用耕地的，按规定落实进出平衡。

2023 年 12 月，国家发展改革委发布《中华人民共和国国民经济和社会发展第十四个五年规划和 2035 年远景目标纲要》实施中期评估报告，明确着力推进新型工业化，加快建设现代化产业体系。巩固电力装备、太阳能光伏、通信设备、动力电池等优势产业领先地位。加快现代产业发展，加强能源产供储销体系建设，加快规划建设新型能源体系，加快推进以沙漠、戈壁、荒漠地区为重点的大型风电光伏基地和西南水电基地建设。

1. 梳理地区主要的分布式光伏开发建设模式。

2. 在熟悉、了解国家政策的基础上，梳理地方政府发布的分布式光伏相关政策规定，并分析这些政策将如何影响地区分布式光伏的发展趋势。

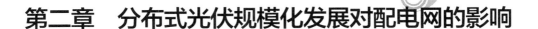

第二章　分布式光伏规模化发展对配电网的影响

　　学会分析分布式光伏接入对电压偏差、电压波动、谐波、短路电流及供电可靠性产生影响的机理；掌握分布式光伏接入对电压偏差、电压波动、谐波、短路电流及供电可靠性产生影响的规律。

第一节　分布式光伏接入对电压偏差的影响

一、配电网电压偏差影响机理分析

　　本节通过将配电网结构简化对其影响机理来进行分析，多节点恒功率配电网络简图如图 2-1 所示，沿馈线 L 将每一个集中负荷视为一个节点进行编号，共 N 个节点，第 n 个节点的电压是 V_n，线路始端电压是 V_0，线路标准电压是 V_R；每个节点间的线路阻抗相同，设相邻节点之间的线路阻抗大小设为 $Z = R + jX$；配电网系统的负荷均匀分布在线路馈线点端，接在节点 i 处的负荷功率大小设为 $P_1 + jQ_1$，分布式光伏系统容量以 $P_{pv} + jQ_{pv}$ 表示。

　　分布式光伏系统接入之前，两个相邻节点之间的压降如下

$$\Delta V_{n-1,n} = V_{n-1} - V_n = \frac{(N-n+1)(P_1 R + Q_1 X)}{V_R} \tag{2-1}$$

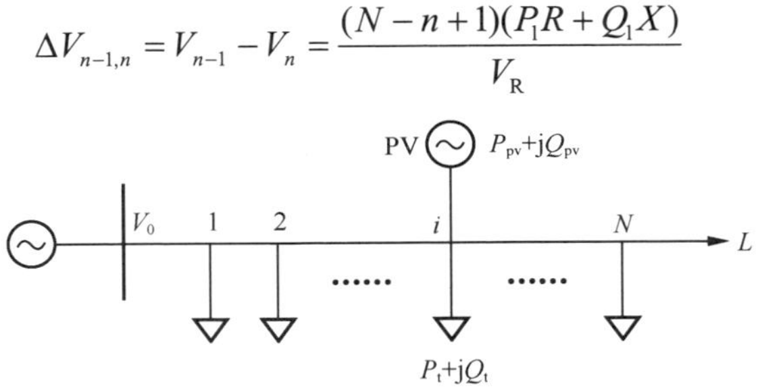

图 2-1　多节点恒功率配电网络简图

在系统电源单独作用下，配电网中节点 j 处电压 V_j 与系统电源电压 V_0 间的电压降 $\Delta V_{0,j}$ 的表达式如下

$$\Delta V_{0,j} = V_0 - V_j = \sum_{n=1}^{j} \Delta V_{n-1,n} = \frac{j(2N-j+1)}{2} \cdot \frac{P_l R + Q_l X}{V_R} \quad (2\text{-}2)$$

不含分布式光伏系统的理想配电网在节点 j 处的电压偏差 $\Delta U'_j$ 表达式如下

$$\Delta U'_j = \frac{V_j - V_N}{V_N} = \frac{V_0 - \Delta V_{0,j} - V_N}{V_N} = \frac{V_0}{V_N} - \frac{j(2N-j+1)}{2} \cdot \frac{P_l R + Q_l X}{V_R^2} - 1 \quad (2\text{-}3)$$

当单独考虑分布式光伏系统作用于配电网时，先将配电网的系统电源侧短路，线路中的阻抗相对于负荷而言比较小，故分布式光伏系统对电压偏差的作用主要表现在 i 点之前的线路；而对于 i 点之后的线路，分布式光伏系统对电压偏差没有直接的影响，但由于分布式光伏系统的接入，可能对电压有抬高的作用，从而间接影响 i 点后的各点电压偏差，故在此规定分布式光伏系统对电压降为负。在分布式光伏系统单独作用下，节点 j 的电压降落为

$$\Delta V_{pvj} = \begin{cases} -\dfrac{j(RP_{pv}+XQ_{pv})}{V_R}, j \in [1,i] \\ -\dfrac{i(RP_{pv}+XQ_{pv})}{V_R}, j \in [i+1,N] \end{cases} \quad (2\text{-}4)$$

利用电路叠加定理，含分布式光伏系统的理想配电网在节点 j 处的电压偏差 ΔU_j 表达式如下：

$$\Delta U_j = \begin{cases} \dfrac{V_0}{V_N} - \dfrac{j(2N-j+1)}{2} \cdot \dfrac{RP_l+XQ_l}{V_R^2} + \dfrac{j(RP_{pv}+XQ_{pv})}{V_R^2} - 1, j \in [1,i] \\ \dfrac{V_0}{V_N} - \dfrac{j(2N-j+1)}{2} \cdot \dfrac{RP_l+XQ_l}{V_R^2} + \dfrac{i(RP_{pv}+XQ_{pv})}{V_R^2} - 1, j \in [i+1,N] \end{cases} \quad (2\text{-}5)$$

由式（2-5）可知，分布式光伏系统的接入容量、接入位置均会影响配电网节点电压偏差。馈线上节点电压偏差与配电网的结构特点、分布式光伏的接入情况息息相关，分布式光伏系统的接入会抬升配电网的节点电压，当分布式光伏系统接入容量较小时，其输出功率对负荷的供给减少了由系统供给的有功和无功功率，因此线路上的电压偏差减小；当分布式光伏接入容量增加到一定值时，可能改变线路有功功率和无功功率的方向，使得电压偏差随着分布式光伏系统接入容

量的增加而增加。

二、分布式光伏接入对配电网电压偏差的影响总结

分布式光伏接入的位置、容量和接入类型都会对稳态电压偏差产生影响，分布式光伏接入线路末端会对配电网电压产生较好的支撑效果，电压支持效果随容量增大而增加。

第二节　分布式光伏接入对电压波动的影响

一、配电网电压波动机理分析

分布式光伏容量和启停具有随机性和波动性的特点，大比例的分布式光伏接入，将引起线路潮流发生较大波动。由上节分析可知，分布式光伏的容量大小和安装位置决定了其对电压的影响程度。相对于配电网中的其他节点，分布式光伏的不稳定性对并网点的影响是最大的，因此，选择并网点作为电压变化的评估点。并网点电压的相对变化率可以表示为

$$d \approx \frac{\Delta S_\mathrm{n} \cos(\varphi + \theta)}{S_\mathrm{k}} \times 100\% \tag{2-6}$$

式中：d 为并网点电压的相对变化率；ΔS_n 为分布式光伏注入功率的变化；S_k 为并入系统的短路容量，φ 为线路阻抗角，θ 为分布式光伏功率因数角。

由式（2-6）可以看出，电压相对变化率取决于 ΔS_n、S_k、$\cos\theta$ 三个指标，即分布式光伏对系统电压造成冲击的三个主要因素为分布式光伏注入功率的变化、并入系统的短路容量及分布式光伏的功率因数。

系统的短路容量是电网电压强度的标志，短路容量越大，电压波动越小，系统电压强度越强。分布式光伏本身具有不稳定性，会对电网内其他用户的供电电压造成冲击。同时分布式光伏的接入能够在一定程度上提高系统的整体短路容量，当配电网内部因冲击性负荷投切、外部故障等导致电压闪变、跌落等或其他对配电网造成较大冲击的情况发生时，分布式光伏接入后故障程度与普通配电网相比会在一定程度上实现抑制和削弱。

二、分布式光伏接入对配电网电压波动的影响总结

随着分布式光伏接入容量不断增大，引起的电压波动越来越明显。分布式光伏的接入位置对其接入点的电压波动值影响最大，且随着距离的增加影响逐渐减弱；分布式光伏接入位置越接近线路末端，对线路电压影响越大。

第三节　分布式光伏接入对谐波的影响

一、配电网谐波影响机理分析

本节采用电流注入法进行谐波分析，即假定分布式光伏由变流装置接入电网，并将这些装置视为内阻无穷大的谐波电流源，注入节点的各次谐波电流的幅值和相角，都仅和流过该装置的基波电流的幅值和相角呈线性关系。在此假定下，可以分别计算出系统对各单一频次的谐波响应，这些响应的总和就是系统谐波分析的结果。接入分布式光伏系统的配电网模型如图 2-2 所示，非线性负荷均以星形接入线路末端且三相平衡，忽略分布电容且不考虑线路集肤效应。

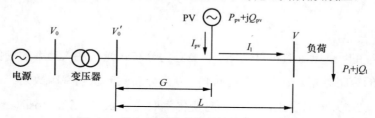

图 2-2　接入分布式光伏系统的配电网模型

G—变压器低压侧到分布式光伏系统的距离；L—变压器低压侧到负荷的距离；I_{pv}—分布式光伏系统的输出电流；I_1—流入负荷的电流；V_0—电网侧电压；V_0'—线路电压；V—系统线路末端节点电压；P_{pv}—分布式光伏系统输出的有功功率；Q_{pv}—分布式光伏系统输出的无功功率；P_1—负荷消耗的有功功率；Q_1—负荷消耗的无功功率

在距变压器低压侧 1km 处接入非线性模型的分布式光伏系统。谐波分析时分布式光伏系统用谐波电流源来模拟，其 h 次谐波电流幅值为 $I_{\mathrm{Ispec},\,h}$，以基于分布式光伏系统流出的基波电流 I_{pv} 的百分比表示，h 次谐波电流相角为 $\theta_{\mathrm{pvspec},\,h}$，接入分布式光伏系统的简化谐波网络如图 2-3 所示。

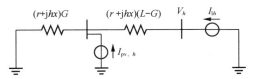

图 2-3　接入分布式光伏系统的简化谐波网络

分布式光伏系统流出的 h 次谐波注入电流幅值为

$$\left|I_{\text{pv}, h}\right| = \left|I_{\text{pv}}\right| I_{\text{pvspec}, h} = \left|\frac{P_{\text{pv}}}{V_{\text{pv}} dpf_{\text{pv}}}\right| I_{\text{pvspec}, h} \tag{2-7}$$

h 次谐波注入电流相角为

$$\theta_{\text{pv}, h} = \theta_{\text{pvspec}, h} + h(\delta_{\text{pv}} - d_{\text{pv}}) \tag{2-8}$$

式中：dpf_{pv} 为分布式光伏系统的功率因数；d_{pv} 为分布式光伏系统的功率因数角；V_{pv} 为分布式光伏系统接入点处的电压幅值；δ_{pv} 为分布式光伏系统接入点处的电压相角。

线路末端节点的第 h 次谐波电压 $V_{h,2}$ 为

$$V_{h,2} = \left(I_{\text{pv}, h} + I_{\text{lh}}\right)\left(r + jhx\right)G + I_{\text{lh}}\left(r + jhx\right)\left(L - G\right) = \left(r + jhx\right)\left(I_{\text{pv}, h}G + I_{\text{lh}}L\right) \tag{2-9}$$

式中：$I_{\text{pv}, h}$ 为分布式光伏输出的 h 次谐波电；I_{lh} 为用户输出的 h 次谐波电流；r 为单位长度线路电阻值；h 为单位长度线路电抗值。

假设分布式光伏系统的 h 次谐波电流相角 $\theta_{\text{pvspec}, h}$ 为 0，由于分布式光伏系统的功率因数接近于 1，则 d_{pv} 很小，接近于 0。又由于线数 $r \gg x$，则有 $\delta_{\text{pv}} \approx 0$。从而由式（2-8）有 $\theta_{\text{pv}, h} \approx 0$。同理，非线性负荷的 h 次谐波注入电流相角也近似为 0。所以，线路末端节点的第 h 次谐波电压 $V_{h,2}$ 的幅值表达式为：

$$\left|V_{h,2}\right| = \left|r + jhx\right| \times \left|I_{\text{pv},h}G + I_{\text{lh}}L\right| = \sqrt{r^2 + h^2x^2}\left(\left|I_{\text{pv},h}\right|G + \left|I_{\text{lh}}\right|L\right) (h \geq 2) \tag{2-10}$$

比较 $\left|V_{h,1}\right|$ 和 $\left|V_{h,2}\right|$ 计算公式可以得出，接入分布式光伏系统后末端节点的谐波电压幅值变化量为

$$\Delta V_h = \left|V_{h,2}\right| - \left|V_{h,1}\right| = \sqrt{r^2 + h^2x^2} \times \left|I_{\text{pv},h}\right|G > 0 \tag{2-11}$$

可以看出引入分布式光伏系统后，配电网的谐波电压畸变量增加。谐波电压

畸变量因分布式光伏系统引入会发生变化，主要受分布式光伏接入位置 G 和接入容量 P_{pv} 的影响。下面将对分布式光伏系统的接入容量、接入位置对配电网谐波的影响做详细分析。

1. 接入容量影响分析

当分布式光伏系统采用电压控制的运行模式，则 V_{pv} 基本保持不变；当 P_{pv} 增大时，$|I_{pv,h}|$ 变大。因此，P_{pv} 越大，$\Delta V_h = |V_{h,2}| - |V_{h,1}|$ 越大，即谐波电压畸变率越高。

2. 接入位置影响分析

分布式光伏接入配电网中，随着接入位置 G 的变化，接入点之前和接入点之后的线路谐波电压畸变水平变化趋势不同，需要分别讨论。

假设相同容量的分布式光伏系统分别接入配电网线路的 G_1 和 G_2 处，且有 $G_1 < G_2$。比较两种接入情况下，并考虑线路 Z 处于三种不同位置（$Z < G_1$、$G_1 < Z < G_2$ 和 $Z > G_2$）时，谐波电压畸变水平的变化差异。

（1）分布式光伏系统接入线路 G_1 之前 Z（$Z < G_1$）位置的谐波电压幅值可表示为

$$\left|V_h\right| = \left|Z(r + jhx)\right| \times \left|I_{pv,\ h} + I_{1h}\right| = Z\sqrt{r^2 + h^2 x^2} \times \left(\left|I_{pv,\ h}\right| + \left|I_{1h}\right|\right) \qquad (2\text{-}12)$$

随着接入位置 G 的增大，分布式光伏系统接入点 G_1 之前 Z（$Z < G_1$）位置的谐波电压幅值 $|V_h|$ 减小，谐波电压畸变水平降低。

（2）分布式系统接入线路 G_1 之后、G_2 之前 Z（$G_1 < Z < G_2$）位置的谐波电压幅值可表示为

$$\left|V_{hG_1}\right| - \left|V_{hG_2}\right| = \sqrt{r^2 + h^2 x^2}\left(G_1 - Z\right)\left|I_{pv,h}\right| < 0 \qquad (2\text{-}13)$$

即 $\left|V_{hG_1}\right| - \left|V_{hG_2}\right|$，因此，随着接入位置 G 的增大，分布式光伏系统接入 G_1 之后，G_2 之前 Z 处的谐波电压 V_h 变大，谐波电压畸变水平升高。

（3）分布式光伏系统接入线路 G_2 之后 Z（$Z > G_2$）位置的谐波电压幅值可表示为

1）当分布式光伏系统接入位置为 G_1 时，表示为

$$\left|V_{hG_1}\right| = \sqrt{r^2 + h^2 x^2}\left[G_1\left(\left|I_{pv,\ h}\right| + \left|I_{1h}\right|\right) + (Z - G_1)\left|I_{1h}\right|\right] \qquad (2\text{-}14)$$

2）当分布式光伏系统接入位置为 G_2 时，表示为

$$\left|V_{hG_2}\right| = \sqrt{r^2 + h^2 x^2} \left[G_2 \left(\left|I_{pv,\ h}\right| + \left|I_{1h}\right| \right) + (Z - G_2) \left|I_{1h}\right| \right] \qquad （2-15）$$

式（2-14）、式（2-15）相减可得

$$\left|V_{hG_1}\right| - \left|V_{hG_2}\right| = \sqrt{r^2 + h^2 x^2} \left(G_1 - G_2 \right) \left|I_{pv,\ h}\right| < 0 \qquad （2-16）$$

即 $\left|V_{hG_1}\right| < \left|V_{hG_2}\right|$，因此，随着接入位置 G 的增大，分布式光伏系统接入点 G_2 之后 Z 处的谐波电压 V_h 变大，谐波电压畸变水平升高。

综上所述，分布式光伏系统接入后，配电网的谐波电压畸变量有所增加。在含有分布式光伏系统的配电网中，分布式光伏系统接入位置距离系统母线越远，接入位置之前的节点谐波电压畸变率越低，接入位置之后的节点谐波电压畸变率越高。分布式光伏系统容量越大，配电网谐波电压的畸变水平就越大。

二、分布式光伏接入对配电网谐波的影响总结

分布式光伏总容量越大，同一馈线沿线各负荷节点电压谐波畸变率就越大；其位置越接近线路末端，馈线沿线各负荷节点的电压畸变越严重；分布式光伏越接近系统节点，对系统造成的谐波影响越小。

第四节　分布式光伏接入对短路电流的影响

一、配电网短路电流影响机理分析

目前，国内配电网系统大多是单电源、辐射型网络，在现有保护配置下，若在配电网中接入分布式光伏，将会对配电网的保护产生较大影响。分布式光伏接入配电网，会改变配电网原有的结构特性，在配电网发生故障时，系统电源和分布式光伏可能同时向短路点提供短路电流。由于原有的配电网过电流保护是按照单电源、辐射式结构设计和安装的，而在分布式光伏并入配电网后，会对配电网的短路电流产生影响，主要包括助增、汲流和反向短路电流等问题。

通过上述分析，分布式光伏接入对配电网短路电流的影响可以归纳为以下几

个方面：

（1）当电流保护位于分布式光伏上游，短路故障发生在电流保护的上游时，分布式光伏会从反方向向保护注入电流，使其失去方向性而误动作。

（2）当电流保护位于分布式光伏上游，短路故障发生在分布式光伏的下游时，分布式光伏会减小流过保护的短路电流而降低其灵敏度，使保护范围减小而拒动。

（3）当电流保护位于分布式光伏下游，短路故障发生在电流保护的下游时，分布式光伏会增大流过保护的短路电流，使其保护范围增大，从而使保护装置误动。

（4）当短路故障发生在相邻线路时，分布式光伏会反向向故障点提供短路电流，对流过该线路的短路电流产生助增作用，延长其保护范围，可能使保护失去选择性。而对本线路也可能引起保护误动，使非故障线路保护动作，扩大故障范围。

二、分布式光伏接入对配电网短路电流的影响总结

分布式光伏的接入并不会引起保护的误动和拒动情况，但随着接入容量增大到一定值时，将可能引发系统现有继电保护装置的拒动和误动。

第五节　分布式光伏接入对供电可靠性的影响

传统配电网正常运行时负荷点仅由单一电源供电，但分布式光伏接入配电系统后，电网变成一个多电源与负荷点相连的网络，配电网的根本特性发生了改变，配电网可靠性评估流程也发生了相应的变化。

现行配电网相关技术规范和标准要求分布式光伏并网具备防孤岛保护措施，不允许非计划孤岛的出现。在不考虑孤岛运行的场景下，由于分布式光伏的接入增加了非故障段配电线路的负荷供应能力或转供能力，增加了系统总供电量，减少了缺供电量占比，进而提升了供电可靠性。在考虑允许孤岛运行的场景下，含分布式光伏的配电网发生故障后，分布式光伏可以向孤岛内全部或部分负荷供电，从而可以减少部分负荷点的停电次数和停电时间，进而提高整个配电系统的

供电可靠性。但是，当分布式光伏的接入容量增加到一定程度后，其对可靠性的提升效果将趋于饱和。

思考题

1. 在地区电网内选取典型区域，分别计算该区域不同分布式光伏接入容量对区域电网电压偏差、电压波动及谐波产生的影响。

2. 分析梳理分布式光伏接入对地区电网保护配置产生的影响。

第三章 源荷特性分析

本章目标

了解分布式光伏出力特性；掌握分布式光伏出力与用电负荷耦合特性的分析方法；了解 4 类"光伏+"典型场景下的储能配置方法；了解考虑分布式光伏的负荷预测思路，掌握考虑分布式光伏的几种典型负荷预测方法。

第一节 分布式光伏出力特性

分布式光伏出力受光照、温度等气候环境条件和地理、时间等客观运行条件影响，间歇性、随机性强，具有典型的概率分布特点。

1. 光伏出力随机分布特性

光伏出力具有随机性和间歇性特点，为有效减少其波动性对配电网稳定运行的影响，国内外学者对其特性进行了研究。模拟某分布式光伏在典型的晴天、雨天、多云和阵雨等 4 种不同天气条件典型日的出力情况，并绘制对应的曲线，4 种不同天气典型日光伏出力及各环境因素曲线如图 3-1 所示。

由图 3-1 可以得出：

（1）不同天气条件下的输出功率曲线与辐照度曲线变化趋势几乎完全相同，曲线形状相似，说明辐照度大小基本可以决定光伏系统的输出功率大小。

（2）输出功率曲线与温度曲线不相似，输出功率曲线较温度曲线有一定延迟，但总体变化趋势相同。以上情况说明光伏系统输出功率受温度影响，在温度到达某一个值之前是正相关，当温度超过某一值之后其增长趋势会抑制光伏系统输出功率的增长。

光伏出力特性除了受光照等环境因素影响外，还和地理位置、时间段等因素相关，当前对光伏出力特性的研究主要有直接法和间接法 2 种。其中，直接法是利用大量出力功率序列的历史数据，采用数学拟合回归等技术手段直接进行分析，其特点是影响因素小、累积误差小但数据分析复杂。间接法是从光伏发电的原理出发，利用光照、气象等原始输入数据对光伏出力进行建模，间接得到光伏出力特性，但在建模过程中由于忽略了光照分布、光伏板安装间距等扰动因素，虽然特性分析所需数据少而简单，但存在一定的误差。

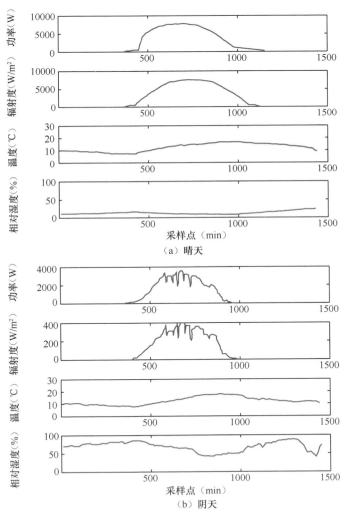

图 3-1　4 种不同天气典型日光伏出力及各环境因素曲线（一）

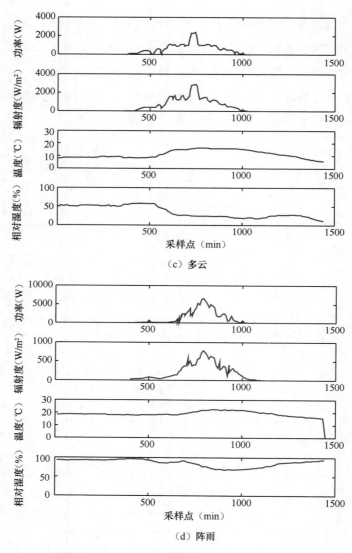

图 3-1 4 种不同天气典型日光伏出力及各环境因素曲线（二）

2．光伏出力典型随机分布

近年来，国内外学者对基于参数分布的太阳能光伏出力概率模型进行了广泛研究。研究表明，光伏出力符合韦伯分布（Weibull 分布）、极值 I 型分布 [Extreme Value（I 型）分布]、正态分布（Normal 分布）和贝塔分布（Beta 分布）等分布的特性。其中，光照强度是描述光伏出力的主要参数，标准化光照

强度 H_t 计算如下

$$H_t = \frac{I_t}{I_{max}} \qquad (3-1)$$

式中：I_t 为实际光照强度；I_{max} 为最大光照强度。

研究分析表明 Beta 分布比较符合标准化光照强度一般分布规律，其概率密度函数为

$$f_{H_t}(H_t; \alpha, \beta) = \frac{\Gamma(\alpha + \beta)}{\Gamma(\alpha)\Gamma(\beta)} H_t^{\alpha-1}(1 - H_t)^{\beta-1} \qquad (3-2)$$

式中：α、β 为 Beta 分布的 2 个参数。

标准化光照强度的累积分布函数为

$$F_{G_t}(H_t; \alpha, \beta) = \frac{\Gamma(\alpha + \beta)}{\Gamma(\alpha)\Gamma(\beta)} \int_0^{H_t} t^{\alpha-1}(1-t)^{\beta-1} dt \qquad (3-3)$$

针对某一地区的历史数据，参数概率分布模型能够很好地表征该地区光伏出力概率分布特性，但是分布参数需要根据经验进行假设确定，由于这一假设均按照主观因素完成而缺乏充分的理论依据，且不同地区适合的参数模型不一致，因此不具备普遍适用性。于是，国内外的学者们又提出了其他新型的光伏出力概率分布。

3. 光伏出力随机概率的新型分布

（1）非参数核密度概率分布。非参数核密度概率模型是以光伏样本为依据，研究光伏的分布概率特征，不需要事先对分布参数进行假设的一种模型，且广泛应用于新能源分布系统的负荷、风力发电及可靠性等多方面。

若假设 x_1，x_2，$\cdots$，x_n 为光伏出力的数据样本，光伏出力的概率密度函数为 $f(x)$，则 $f(x)$ 的核估计为

$$\hat{f}(x) = \frac{1}{nb} \sum_{i=1}^{n} K\left(\frac{x - x_i}{b}\right) \qquad (3-4)$$

式中：b 为带宽；n 为样本数；$K(\cdot)$ 为核函数。

如在每个数据点处都进行核密度估计计算，计算量将随样本数 n 的增大而迅速增加。实际上只需将 x 轴进行等间距划分，在等间距处进行核密度计算，然后

对其进行线性内插。

将某一地区某一典型日的光伏出力样本数据直方图分别用正态分布、贝塔分布和核密度估计进行概率密度拟合，光伏出力 3 种不同概率分布拟合如图 3-2 所示。从图 3-2 中可以看出，每一种分布都能较好地描述光伏分布的随机性变化趋势，其中核密度估计要优于正态分布和贝塔分布。然而 3 种分布拟合的准确性与实际频率直方图相比，均有一些差距。

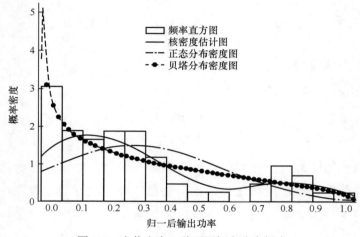

图 3-2　光伏出力 3 种不同概率分布拟合

为了更加精确地进行光伏出力描述，在参数分布的参数估计方法和核密度估计的核函数选择方面有待进一步探索。

（2）相关性概率分布。光伏出力随机性受到光照强度等因素的影响。同时，当中低压配电网的光伏电源渗透率很高时，相邻地区的多个光伏电源的外部气象条件几乎相同，而大规模连片分布式光伏接入配电网，本地区的多个分布光伏电源之间，以及与负荷之间都存在一定的相关性，使光伏出力同时增益或同时减弱，加剧了光伏出力的随机波动性。

相关性对配电网的影响随着大规模光伏的接入引起了学者的关注，随着分布式光伏并网规模不断增大，光伏出力的相关性对电网的运行影响越来越显著，需要考虑的影响因素也越来越多。

近年来一些学者利用多变量随机分布 Copula 函数方法构建规模化分布式光伏和风电的出力相关性模型，基于多随机变量的实际概率统计对分布式光伏特性进行分析，发现其有较好的普适性和精确性，同时也验证了光伏出力数据统计分析方法和概率分布模型的准确性。

（3）持续时间概率分布。上述的光伏出力概率分布均是光伏出力大小的一维分布，能够较好地描述光伏在一个时间点上出力的大小，然而光伏出力具有典型的时间波动性和间歇性，其输出功率的精确分析需构建反映持续时间的光伏出力分布模型，即持续时间概率分布。持续时间概率分布通过将光伏出力的范围根据研究或者应用场景的实际需求平均分成多个时段区间，从而分别统计分析每一个区间光伏出力持续输出的概率。

光伏出力的持续时间概率分布也从另一个维度较好地描述了光伏出力特性。研究表明，光伏出力的持续时间概率分布呈现双峰的特征，通过持续时间概率分布特性能够直接获得一定功率区间的时间长度，从而为配电网接纳大规模光伏提供抑制光伏波动范围控制周期的定量分析手段，实现大规模分布式光伏并网的广域控制。

第二节　分布式光伏出力与用电负荷耦合特性

一、分布式光伏出力与用电负荷的匹配特性研究

1．研究思路

在不计及光伏出力和用电负荷绝对大小的前提下，通过分析各时段分布式光伏出力与用电负荷日特性曲线的拟合程度，找出适合分布式光伏开发的用电场景。具体思路如下：

（1）典型日数据获取。分布式光伏选取天气晴好、出力特性呈现近似正态分布的一天作为典型日。获取典型日 24 小时的分布式光伏出力及党政机关、公共建筑、工业、商业、农村居民五类场景的日用电负荷数据。

（2）数据归一化处理。为便于对比分析趋势，对 24 个时刻点的分布式光伏出力和用电负荷数据进行归一处理，具体如下

$$x_{\text{nom}} = \frac{x}{x_{\text{max}}} \tag{3-5}$$

式中：x 为各时刻点初始数据；x_{max} 为初始数据中的最大值；x_{nom} 为 x 归一化后的数值。

（3）匹配程度分析。根据归一化后分布式光伏出力和用电负荷的叠加耦合曲线，求得光伏出力时段（6:00～18:00）耦合曲线上各时刻点的方差。方差越小说明用电负荷曲线与光伏出力曲线拟合程度越高，即用电负荷特性与光伏出力特性越匹配。

2. 研究场景

下面分别分析各类用户负荷与分布式光伏出力的匹配特性。

（1）党政机关场景 1：某政府机关及法院。实测得到典型日某政府机关及法院用电负荷数据，具体数据见表 3-1，根据相关数据绘制对应的负荷曲线，分布式光伏出力及某政府机关和法院用电负荷曲线如图 3-3。由图 3-3 可以看出，负荷自 6:00～7:00 开始上升，11:00 达到负荷峰值，午间休息时段负荷略有下降，13:00 开始上升，14:00～16:00 再次达峰，后缓慢下降，23:00～次日 6:00 负荷保持在较低水平。分析表 3-1 的数据可得，在光伏时段（6:00～18:00），耦合曲线上各时刻点方差为 0.0154。

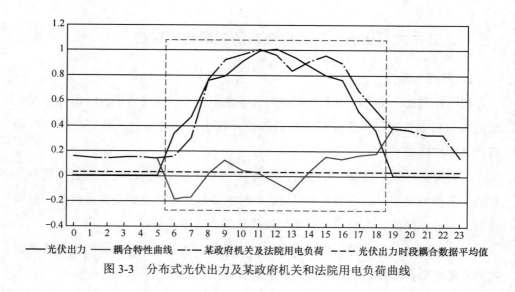

图 3-3　分布式光伏出力及某政府机关和法院用电负荷曲线

表 3-1   分布式光伏出力及某政府机关和法院用电负荷数据

时刻点	分布式光伏出力		用电负荷		6:00~18:00 耦合曲线各时刻点方差
	原始数据（kW）	归一化数值	原始数据（kW）	归一化数值	
0	0	0.00	52	0.16	—
1	0	0.00	48	0.15	—
2	0	0.00	46	0.14	—
3	0	0.00	48	0.15	—
4	0	0.00	50	0.15	—
5	0	0.00	45	0.14	—
6	18	0.34	51	0.16	
7	25	0.47	99	0.31	
8	40	0.75	248	0.77	
9	42	0.79	295	0.91	
10	48	0.91	308	0.95	
11	52	0.98	323	1.00	
12	53	1.00	309	0.96	0.0154
13	50	0.94	269	0.83	
14	46	0.87	292	0.90	
15	42	0.79	306	0.95	
16	40	0.75	287	0.89	
17	27	0.51	218	0.67	
18	19	0.36	174	0.54	
19	0	0.00	123	0.38	—
20	0	0.00	117	0.36	—
21	0	0.00	107	0.33	—
22	0	0.00	106	0.33	—
23	0	0.00	45	0.14	—

（2）党政机关场景 2：某行政审批服务局。实测得到典型日某行政审批服务局用电负荷数据，具体数据见表 3-2，根据相关数据绘制对应的负荷曲线，分布式光伏出力及某行政审批服务局用电负荷曲线如图 3-4 所示。由图 3-4 可以看出，负荷自 6:00 开始上升，12:00 左右达到高峰，13:00 略微下降，14:00~16:00 达到第二个负荷高峰，17:00 后随着工作人员下班，负荷快速下降，18:00~次日 6:00 负荷维持在较低水平。与政府机关相比，行政审批服务局下班时间相对固定，因此傍晚时段负荷下降更快，凌晨时段负荷水平也更低。分析表 3-2 的数据可知，在光伏时段（6:00~18:00），耦合曲线上各时刻点方差为 0.0214。

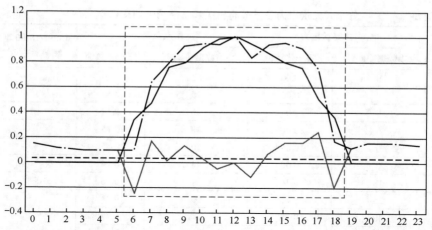

—— 光伏出力　—— 耦合特性曲线　--- 某行政审批服务局用电负荷　--- 光伏出力时段耦合数据平均值

图 3-4　分布式光伏出力及某行政审批服务局用电负荷曲线

表 3-2　　　　分布式光伏出力及某行政审批服务局用电负荷数据

时刻点	分布式光伏出力		用电负荷		6:00～18:00 耦合曲线各时刻点方差
	原始数据（kW）	归一化数值	原始数据（kW）	归一化数值	
0	0	0.00	37.74	0.15	—
1	0	0.00	32.1	0.13	—
2	0	0.00	27.36	0.11	—
3	0	0.00	24.18	0.10	—
4	0	0.00	24.24	0.10	—
5	0	0.00	24.06	0.10	—
6	18	0.34	23.76	0.10	
7	25	0.47	157.88	0.64	
8	40	0.75	191.22	0.78	
9	42	0.79	228.78	0.93	
10	48	0.91	232.62	0.94	
11	52	0.98	231.18	0.94	
12	53	1.00	246.72	1.00	0.0214
13	50	0.94	205.56	0.83	
14	46	0.87	231.24	0.94	
15	42	0.79	235.04	0.95	
16	40	0.75	224.88	0.91	
17	27	0.51	185.22	0.75	
18	19	0.36	42.72	0.17	
19	0	0.00	29.94	0.12	—

时刻点	分布式光伏出力		用电负荷		6:00～18:00 耦合曲线各时刻点方差
	原始数据（kW）	归一化数值	原始数据（MW）	归一化数值	
3	0	0.00	3.63	0.65	—
4	0	0.00	3.49	0.63	—
5	0	0.00	3.55	0.64	—
6	18	0.34	3.81	0.69	
7	25	0.47	3.88	0.70	
8	40	0.75	4.71	0.85	
9	42	0.79	5.27	0.95	
10	48	0.91	5.44	0.98	
11	52	0.98	5.55	1.00	
12	53	1.00	5.34	0.96	0.0243
13	50	0.94	5.06	0.91	
14	46	0.87	5.17	0.93	
15	42	0.79	5.29	0.95	
16	40	0.75	5.21	0.94	
17	27	0.51	5.12	0.92	
18	19	0.36	4.35	0.78	
19	0	0.00	4.02	0.72	—
20	0	0.00	3.86	0.70	—
21	0	0.00	3.76	0.68	—
22	0	0.00	3.65	0.66	—
23	0	0.00	3.49	0.63	—

（4）公共建筑场景 2：某中专学校。实测得到典型日某中专学校用电负荷数据，具体数据见表 3-4，根据相关数据绘制对应的负荷曲线，分布式光伏出力及某中专学校用电负荷曲线如图 3-6 所示。负荷自 6:00 开始上升，上午 10:00～11:00 达到高峰后下降，13:00 后再次上升，16:00 左右达峰后缓慢下降，0:00～4:00 维持在较低水平。分析表 3-4 的数据可得，在光伏时段（6:00～18:00），耦合曲线上各时刻点方差为 0.0291。

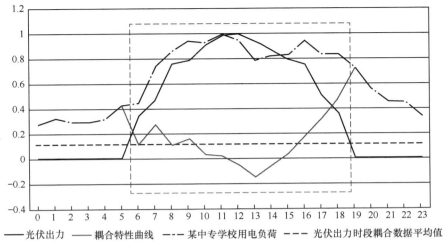

——光伏出力　——·耦合特性曲线　——·某中专学校用电负荷　——·光伏出力时段耦合数据平均值

图 3-6　分布式光伏出力及某中专学校用电负荷曲线

表 3-4　　　　　　　分布式光伏出力及某中专学校用电负荷数据

时刻点	分布式光伏出力		用电负荷		6:00～18:00 耦合曲线各时刻点方差
	原始数据（kW）	归一化数值	原始数据（MW）	归一化数值	
0	0	0.00	0.45	0.28	—
1	0	0.00	0.52	0.32	—
2	0	0.00	0.48	0.29	—
3	0	0.00	0.47	0.29	—
4	0	0.00	0.51	0.31	—
5	0	0.00	0.69	0.42	
6	18	0.34	0.73	0.45	
7	25	0.47	1.2	0.74	
8	40	0.75	1.4	0.86	
9	42	0.79	1.54	0.94	
10	48	0.91	1.52	0.93	
11	52	0.98	1.63	1.00	
12	53	1.00	1.54	0.94	0.0291
13	50	0.94	1.29	0.79	
14	46	0.87	1.34	0.82	
15	42	0.79	1.36	0.83	
16	40	0.75	1.53	0.94	
17	27	0.51	1.35	0.83	
18	19	0.36	1.36	0.83	

时刻点	分布式光伏出力		用电负荷		6:00~18:00 耦合曲线各时刻点方差
	原始数据（kW）	归一化数值	原始数据（MW）	归一化数值	
19	0	0.00	1.19	0.73	—
20	0	0.00	0.91	0.56	—
21	0	0.00	0.74	0.45	—
22	0	0.00	0.73	0.45	—
23	0	0.00	0.55	0.34	—

（5）公共建筑场景 3：某走读制中学。实测得到典型日某走读制中学用电负荷数据，具体数据见表 3-5，根据相关数据绘制对应的负荷曲线，分布式光伏出力及某走读制中学用电负荷曲线如图 3-7 所示。由图 3-7 可以看出，负荷自早上 6:00 开始上升，9:00~11:00 达到高峰，午间休息时段存在一小的负荷低谷，13:00 开始上升，15:00~17:00 达到又一高峰，随着学生放学、教职工下班，19:00~次日 6:00 负荷保持在较低水平。分析表 3-5 的数据可得，在光伏时段（6:00~18:00），耦合曲线上各时刻点方差为 0.0318。与寄宿制学校相比，走读制学校夜间负荷水平更低，午间负荷低谷更明显，因此与分布式光伏的匹配特性略差。

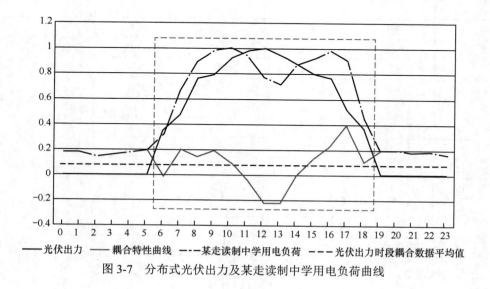

图 3-7　分布式光伏出力及某走读制中学用电负荷曲线

表 3-5　　　　　　分布式光伏出力及某走读制中学用电负荷数据

时刻点	分布式光伏出力		用电负荷		6:00～18:00 耦合曲线各时刻点方差
	原始数据（kW）	归一化数值	原始数据（kW）	归一化数值	
0	0	0.00	26	0.17	—
1	0	0.00	25.2	0.17	—
2	0	0.00	20.8	0.14	—
3	0	0.00	22.6	0.15	—
4	0	0.00	25.8	0.17	—
5	0	0.00	28.4	0.19	—
6	18	0.34	47.8	0.32	
7	25	0.47	100.2	0.67	
8	40	0.75	134.2	0.89	
9	42	0.79	146.6	0.97	
10	48	0.91	150.6	1.00	
11	52	0.98	141.2	0.94	
12	53	1.00	115.6	0.77	0.0318
13	50	0.94	107.8	0.72	
14	46	0.87	130.6	0.87	
15	42	0.79	138.2	0.92	
16	40	0.75	147.4	0.98	
17	27	0.51	135.6	0.90	
18	19	0.36	68.2	0.45	
19	0	0.00	27.6	0.18	—
20	0	0.00	27.6	0.18	—
21	0	0.00	25.6	0.17	—
22	0	0.00	26.8	0.18	—
23	0	0.00	23.2	0.15	—

（6）工业场景 1：某造纸厂。实测得到某造纸厂用电负荷数据，具体数据见表 3-6，根据相关数据绘制对应的负荷曲线，分布式光伏出力及某造纸厂用电负荷曲线如图 3-8 所示。由图 3-8 可以看出，该企业为 24 小时维持生产，一天内负荷变化较小，稳定在某一范围之内。分析表 3-6 的数据可得，在光伏时段（6:00～18:00），耦合曲线上各时刻点方差为 0.0470。

分布式光伏规模化接入的配电网规划

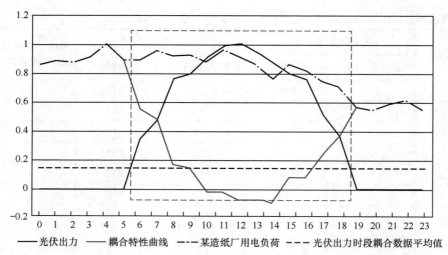

图 3-8　分布式光伏出力及某造纸厂用电负荷曲线

表 3-6　　　　　分布式光伏出力及某造纸厂用电负荷数据

时刻点	分布式光伏出力		用电负荷		6:00～18:00 耦合曲线各时刻点方差
	原始数据（kW）	归一化数值	原始数据（MW）	归一化数值	
0	0	0.00	29.73	0.86	—
1	0	0.00	30.48	0.88	—
2	0	0.00	30.25	0.87	—
3	0	0.00	31.67	0.92	—
4	0	0.00	34.60	1.00	—
5	0	0.00	30.70	0.89	—
6	18	0.34	30.77	0.89	
7	25	0.47	32.98	0.95	
8	40	0.75	31.66	0.92	
9	42	0.79	31.97	0.92	
10	48	0.91	30.32	0.88	
11	52	0.98	33.13	0.96	
12	53	1.00	31.56	0.91	0.0470
13	50	0.94	29.65	0.86	
14	46	0.87	26.43	0.76	
15	42	0.79	29.70	0.86	
16	40	0.75	28.29	0.82	
17	27	0.51	25.66	0.74	
18	19	0.36	24.38	0.70	

34

续表

时刻点	分布式光伏出力		用电负荷		6:00~18:00 耦合曲线各时刻点方差
	原始数据（kW）	归一化数值	原始数据（MW）	归一化数值	
19	0	0.00	19.36	0.56	—
20	0	0.00	18.81	0.54	—
21	0	0.00	20.11	0.58	—
22	0	0.00	21.04	0.61	—
23	0	0.00	18.70	0.54	—

（7）工业场景 2：某食品加工厂。实测得到某食品加工厂用电负荷数据，具体数据见表 3-7，根据相关数据绘制对应的负荷曲线，分布式光伏出力及某食品加工厂用电负荷曲线如图 3-9 所示。由图 3-9 可以看出，该食品加工厂的生产时间主要集中在白天，午间休息时段负荷略有下降，夜间维持少量生产业务。分析表 3-7 的数据可得，在光伏时段（6:00~18:00），耦合曲线上各时刻点方差为 0.0269。

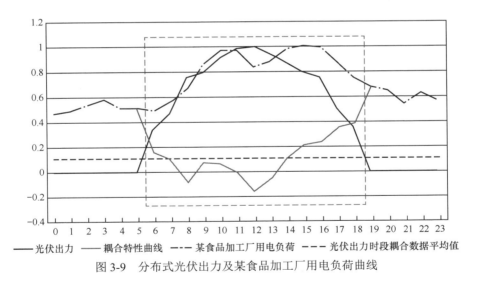

图 3-9　分布式光伏出力及某食品加工厂用电负荷曲线

表 3-7　　　　分布式光伏出力及某食品加工厂用电负荷数据

时刻点	分布式光伏出力		用电负荷		6:00~18:00 耦合曲线各时刻点方差
	原始数据（kW）	归一化数值	原始数据（MW）	归一化数值	
0	0	0.00	3.67	0.46	—
1	0	0.00	3.85	0.49	—

续表

时刻点	分布式光伏出力		用电负荷		6:00～18:00 耦合曲线各时刻点方差
	原始数据（kW）	归一化数值	原始数据（MW）	归一化数值	
2	0	0.00	4.17	0.53	—
3	0	0.00	4.51	0.57	—
4	0	0.00	4	0.51	—
5	0	0.00	3.99	0.50	—
6	18	0.34	3.86	0.49	
7	25	0.47	4.42	0.56	
8	40	0.75	5.27	0.67	
9	42	0.79	6.77	0.86	
10	48	0.91	7.59	0.96	
11	52	0.98	7.62	0.96	
12	53	1.00	6.57	0.83	0.0269
13	50	0.94	6.94	0.88	
14	46	0.87	7.72	0.98	
15	42	0.79	7.91	1.00	
16	40	0.75	7.79	0.98	
17	27	0.51	6.75	0.85	
18	19	0.36	5.86	0.74	
19	0	0.00	5.34	0.68	—
20	0	0.00	5.07	0.64	—
21	0	0.00	4.25	0.54	—
22	0	0.00	4.91	0.62	—
23	0	0.00	4.42	0.56	—

（8）工业场景 3：某机械加工企业。实测得到某机械加工企业用电负荷数据，具体数据见表 3-8，根据相关数据绘制对应的负荷曲线，分布式光伏出力及某机械加工企业用电负荷曲线如图 3-10 所示。由图 3-10 可以看出，该企业以夜间生产为主，负荷高峰在 22:00～次日 10:00，对电价波动较敏感。分析表 3-8 的数据可得，在光伏时段（6:00～18:00），耦合曲线上各时刻点方差为 0.2424。

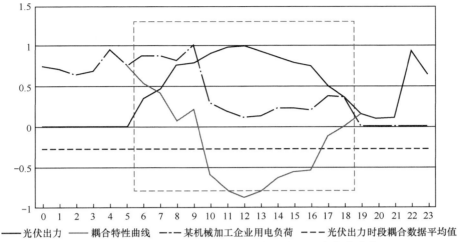

—— 光伏出力　—— 耦合特性曲线　—·—·— 某机械加工企业用电负荷　- - - 光伏出力时段耦合数据平均值

图 3-10　分布式光伏出力及某机械加工企业用电负荷曲线

表 3-8　　　　　　分布式光伏出力及某机械加工企业用电负荷数据

时刻点	分布式光伏出力		用电负荷		6:00～18:00 耦合曲线各时刻点方差
	原始数据（kW）	归一化数值	原始数据（MW）	归一化数值	
0	0	0.00	4.84	0.74	—
1	0	0.00	4.57	0.70	—
2	0	0.00	4.14	0.64	—
3	0	0.00	4.47	0.69	—
4	0	0.00	6.12	0.94	—
5	0	0.00	4.95	0.76	—
6	18	0.34	5.71	0.88	
7	25	0.47	5.75	0.88	
8	40	0.75	5.33	0.82	
9	42	0.79	6.5	1.00	
10	48	0.91	1.91	0.29	
11	52	0.98	1.22	0.19	
12	53	1.00	0.75	0.12	0.2424
13	50	0.94	0.89	0.14	
14	46	0.87	1.46	0.22	
15	42	0.79	1.47	0.23	
16	40	0.75	1.36	0.21	
17	27	0.51	2.45	0.38	
18	19	0.36	2.35	0.36	
19	0	0.00	1	0.15	—
20	0	0.00	0.65	0.10	—

续表

时刻点	分布式光伏出力		用电负荷		6:00～18:00 耦合曲线各时刻点方差
	原始数据（kW）	归一化数值	原始数据（MW）	归一化数值	
21	0	0.00	0.72	0.11	—
22	0	0.00	6.05	0.93	—
23	0	0.00	4.16	0.64	—

（9）工业场景 4：某化工企业。实测得到某化工企业用电负荷数据，具体数据见表 3-9，根据相关数据绘制对应的负荷曲线，分布式光伏出力及某化工企业用电负荷曲线如图 3-11 所示。分析图 3-11 可知，该企业实行"三班倒"工作制度。分析表 3-9 的数据可得，在光伏出力时段（6:00～18:00），耦合曲线上各时刻点方差为 0.1269。

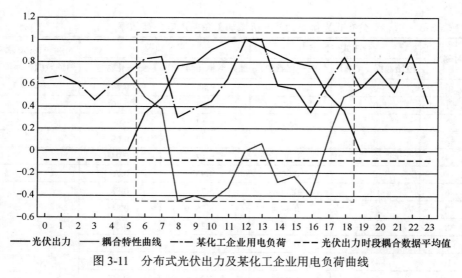

图 3-11　分布式光伏出力及某化工企业用电负荷曲线

表 3-9　　　　　　　分布式光伏出力及某化工企业用电负荷数据

时刻点	分布式光伏出力		用电负荷		6:00～18:00 耦合曲线各时刻点方差
	原始数据（kW）	归一化数值	原始数据（MW）	归一化数值	
0	0	0.00	6.52	0.65	—
1	0	0.00	6.67	0.66	—
2	0	0.00	5.97	0.59	—
3	0	0.00	4.58	0.46	—
4	0	0.00	5.90	0.59	—

续表

时刻点	分布式光伏出力		用电负荷		6:00～18:00 耦合曲线各时刻点方差
	原始数据（kW）	归一化数值	原始数据（MW）	归一化数值	
5	0	0.00	6.97	0.69	—
6	18	0.34	8.29	0.83	
7	25	0.47	8.49	0.85	
8	40	0.75	2.99	0.30	
9	42	0.79	3.83	0.38	
10	48	0.91	4.48	0.45	
11	52	0.98	6.50	0.65	
12	53	1.00	9.94	0.99	0.1269
13	50	0.94	10.04	1.00	
14	46	0.87	5.82	0.58	
15	42	0.79	5.57	0.55	
16	40	0.75	3.55	0.35	
17	27	0.51	6.05	0.60	
18	19	0.36	8.40	0.84	
19	0	0.00	5.61	0.56	—
20	0	0.00	7.15	0.71	—
21	0	0.00	5.32	0.53	—
22	0	0.00	8.67	0.86	—
23	0	0.00	4.31	0.43	—

（10）商业场景 1：某酒店。实测得到某酒店用电负荷数据，具体数据见表 3-10，根据相关数据绘制对应的负荷曲线，分布式光伏出力及某酒店用电负荷曲线如图 3-12 所示。由图 3-12 可以看出，负荷自 6:00 开始上升，12:00 达到高峰，后随着客人退房等逐渐下降，15:00 后负荷上升，16:00～20:00 再次达峰，23:00～至次日 6:00 维持在较低水平。分析表 3-10 的数据可得，在光伏时段（6:00～18:00），耦合曲线上各时刻点方差为 0.0578。

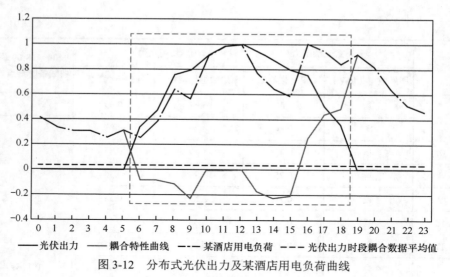

光伏出力 —— 耦合特性曲线 —— 某酒店用电负荷 —— 光伏出力时段耦合数据平均值

图 3-12 分布式光伏出力及某酒店用电负荷曲线

表 3-10 分布式光伏出力及某酒店用电负荷数据

时刻点	分布式光伏出力		用电负荷		6:00～18:00 耦合曲线各时刻点方差
	原始数据（kW）	归一化数值	原始数据（kW）	归一化数值	
0	0	0.00	160	0.41	—
1	0	0.00	130	0.33	—
2	0	0.00	120	0.31	—
3	0	0.00	120	0.31	—
4	0	0.00	100	0.26	—
5	0	0.00	120	0.31	—
6	18	0.34	100	0.26	
7	25	0.47	150	0.38	
8	40	0.75	250	0.64	
9	42	0.79	220	0.56	
10	48	0.91	350	0.90	
11	52	0.98	380	0.97	
12	53	1.00	390	1.00	0.0578
13	50	0.94	300	0.77	
14	46	0.87	250	0.64	
15	42	0.79	230	0.59	
16	40	0.75	390	1.00	
17	27	0.51	370	0.95	
18	19	0.36	330	0.85	

续表

时刻点	分布式光伏出力		用电负荷		6:00～18:00 耦合曲线各时刻点方差
	原始数据（kW）	归一化数值	原始数据（kW）	归一化数值	
19	0	0.00	360	0.92	—
20	0	0.00	320	0.82	—
21	0	0.00	250	0.64	—
22	0	0.00	200	0.51	—
23	0	0.00	180	0.46	—

（11）商业场景 2：某商业综合体。实测得到某商业综合体用电负荷数据，具体数据见表 3-11，根据相关数据绘制对应的负荷曲线，分布式光伏出力及某商业综合体用电负荷曲线如图 3-13 所示。由图 3-13 可以看出，负荷自 7:00 开始上升，10:00～21:00 负荷较平稳，维持在较高水平，后随着停止营业等负荷下降，23:00～次日 7:00 维持较低负荷。分析表 3-11 的数据可得，在光伏时段（6:00～18:00），耦合曲线上各时刻点方差为 0.0539。

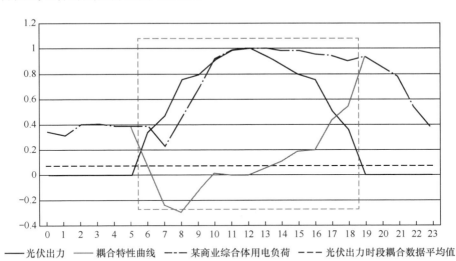

图 3-13　分布式光伏出力及某商业综合体用电负荷曲线

表 3-11　　　　　　　分布式光伏出力及某商业综合体用电负荷数据

时刻点	分布式光伏出力		用电负荷		6:00～18:00 耦合曲线各时刻点方差
	原始数据（kW）	归一化数值	原始数据（MW）	归一化数值	
0	0	0.00	1.12	0.34	—
1	0	0.00	1.04	0.31	—

时刻点	分布式光伏出力		用电负荷		6:00~18:00 耦合曲线各时刻点方差
	原始数据（kW）	归一化数值	原始数据（MW）	归一化数值	
2	0	0.00	1.32	0.40	—
3	0	0.00	1.34	0.40	—
4	0	0.00	1.28	0.39	—
5	0	0.00	1.28	0.39	—
6	18	0.34	1.28	0.39	
7	25	0.47	0.76	0.23	
8	40	0.75	1.52	0.46	
9	42	0.79	2.21	0.67	
10	48	0.91	3.03	0.92	
11	52	0.98	3.23	0.98	
12	53	1.00	3.31	1.00	0.0539
13	50	0.94	3.31	1.00	
14	46	0.87	3.24	0.98	
15	42	0.79	3.25	0.98	
16	40	0.75	3.16	0.95	
17	27	0.51	3.11	0.94	
18	19	0.36	2.99	0.90	
19	0	0.00	3.09	0.93	—
20	0	0.00	2.83	0.85	—
21	0	0.00	2.57	0.78	—
22	0	0.00	1.76	0.53	—
23	0	0.00	1.22	0.37	—

（12）商业场景 3：某百货大楼。实测得到某百货大楼用电负荷数据，具体数据见表 3-12，根据相关数据绘制对应的负荷曲线，分布式光伏出力及某百货大楼用电负荷曲线如图 3-14 所示。由图 3-14 可以看出，负荷自 7:00 开始上升，10:00~20:00 负荷维持在较高水平，随着营业时间结束，22:00~次日 7:00 负荷变化不大，为夜间负荷低谷。分析表 3-12 的数据可得，在光伏时段（6:00~18:00），耦合曲线上各时刻点方差为 0.0796。

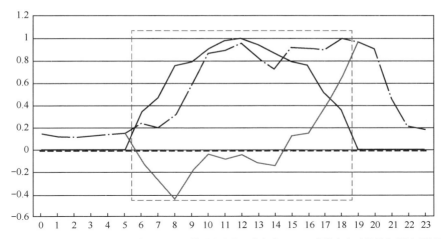

图 3-14　分布式光伏出力及某百货大楼用电负荷曲线

——光伏出力　——耦合特性曲线　--- 某百货大楼用电负荷　--- 光伏出力时段耦合数据平均值

表 3-12　　　　　分布式光伏出力及某百货大楼用电负荷数据

时刻点	分布式光伏出力		用电负荷		6:00~18:00 耦合曲线各时刻点方差
	原始数据（kW）	归一化数值	原始数据（kW）	归一化数值	
0	0	0.00	86.4	0.14	—
1	0	0.00	74	0.12	—
2	0	0.00	69.6	0.11	—
3	0	0.00	79.6	0.13	—
4	0	0.00	86.4	0.14	—
5	0	0.00	93.2	0.15	—
6	18	0.34	143.2	0.23	
7	25	0.47	122.8	0.20	
8	40	0.75	191.6	0.31	
9	42	0.79	364	0.60	
10	48	0.91	527.2	0.86	
11	52	0.98	545.2	0.89	
12	53	1.00	581.2	0.95	0.0796
13	50	0.94	503.2	0.82	
14	46	0.87	446.4	0.73	
15	42	0.79	559.6	0.92	
16	40	0.75	553.6	0.91	
17	27	0.51	543.6	0.89	
18	19	0.36	610	1.00	

续表

时刻点	分布式光伏出力		用电负荷		6:00～18:00 耦合曲线各时刻点方差
	原始数据（kW）	归一化数值	原始数据（kW）	归一化数值	
19	0	0.00	589.6	0.97	——
20	0	0.00	552	0.90	——
21	0	0.00	282.4	0.46	——
22	0	0.00	125.2	0.21	——
23	0	0.00	114.4	0.19	——

（13）商业场景 4：某商贸城。实测得到某商贸城用电负荷数据，具体数据见表 3-13，根据相关数据绘制对应的负荷曲线，分布式光伏出力及某商贸城用电负荷曲线如图 3-15 所示。由图 3-15 可以看出，负荷自 7:00 开始上升，9:00～16:00 负荷维持在较高水平，后略有下降，随着营业时间结束，22:00～次日 7:00 为负荷低谷。商贸城因商品批发等市场活动集中在白天，因此与商业场景 2 和 3 相比，负荷高峰出现在午间时段。分析表 3-13 的数据可得，在光伏出力时段（6:00～18:00），耦合曲线上各时刻点方差为 0.0322。

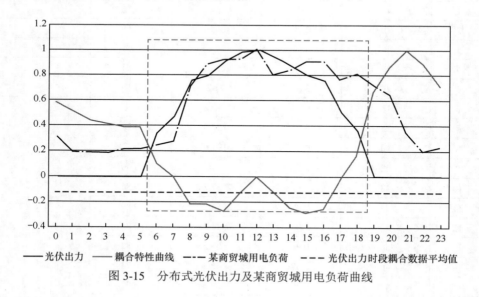

图 3-15　分布式光伏出力及某商贸城用电负荷曲线

表 3-13　　　　　分布式光伏出力及某商贸城用电负荷数据

时刻点	分布式光伏出力		用电负荷		6:00～18:00 耦合曲线各时刻点方差
	原始数据（kW）	归一化数值	原始数据（kW）	归一化数值	
0	0	0.00	84.6	0.30	—
1	0	0.00	54	0.19	—
2	0	0.00	52.8	0.19	—
3	0	0.00	52.2	0.18	—
4	0	0.00	58.2	0.20	—
5	0	0.00	60.6	0.21	—
6	18	0.34	70.2	0.25	
7	25	0.47	77.4	0.27	
8	40	0.75	200.4	0.70	
9	42	0.79	250.8	0.88	
10	48	0.91	262.2	0.92	
11	52	0.98	264.4	0.93	
12	53	1.00	285	1.00	0.0322
13	50	0.94	228.2	0.80	
14	46	0.87	238.6	0.84	
15	42	0.79	258.8	0.91	
16	40	0.75	259.4	0.91	
17	27	0.51	217.8	0.76	
18	19	0.36	229.2	0.80	
19	0	0.00	204.6	0.72	—
20	0	0.00	181.8	0.64	—
21	0	0.00	96	0.34	—
22	0	0.00	55.2	0.19	—
23	0	0.00	63.6	0.22	—

（14）农村居民场景。实测得到典型日某村庄用电负荷数据，具体数据见表 3-14，根据相关数据绘制对应的负荷曲线，分布式光伏出力及某村庄用电负荷曲线如图 3-16 所示。由图 3-16 可以看出，负荷自 7:00 开始缓慢上升，11:00～13:00 达到第一个用电高峰。14:00 以后负荷慢慢下降，18:00 以后负荷又重新上升，在 20:00～22:00 达到第二个用电高峰，此后负荷缓慢下降，3:00～6:00 负荷曲线比较平稳，变化不大。分析表 3-14 的数据可得，在光伏出力时段（6:00～18:00），耦合曲线上各时刻点方差为 0.0334。

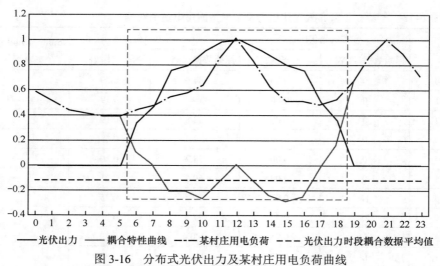

图 3-16　分布式光伏出力及某村庄用电负荷曲线

表 3-14　　　　　　分布式光伏出力及某村庄用电负荷数据

时刻点	分布式光伏出力		用电负荷		6:00～18:00 耦合曲线各时刻点方差
	原始数据（kW）	归一化数值	原始数据（kW）	归一化数值	
0	0	0.00	154.59	0.57	—
1	0	0.00	136.02	0.50	—
2	0	0.00	115.74	0.43	—
3	0	0.00	110.04	0.41	—
4	0	0.00	103.97	0.39	—
5	0	0.00	104.59	0.39	
6	18	0.34	118	0.44	
7	25	0.47	125.63	0.47	
8	40	0.75	144.86	0.54	
9	42	0.79	154.16	0.57	
10	48	0.91	169.97	0.63	
11	52	0.98	229.41	0.85	
12	53	1.00	269.7	1.00	0.0334
13	50	0.94	221.65	0.82	
14	46	0.87	167.18	0.62	
15	42	0.79	135.69	0.50	
16	40	0.75	135.1	0.50	
17	27	0.51	128.96	0.48	
18	19	0.36	140.07	0.52	
19	0	0.00	177.82	0.66	—
20	0	0.00	231.34	0.86	—
21	0	0.00	268.34	0.99	—

续表

时刻点	分布式光伏出力		用电负荷		6:00～18:00 耦合曲线各时刻点方差
	原始数据（kW）	归一化数值	原始数据（kW）	归一化数值	
22	0	0.00	237.07	0.88	—
23	0	0.00	190	0.70	—

3．综合分析

综上，对各类典型场景的分析结果进行总结并绘制表格进行对比，分布式光伏出力与典型用电负荷的匹配度结果见表 3-15。

表 3-15　　分布式光伏出力与典型用电负荷的匹配度结果

序号	场景	类型	耦合曲线方差	匹配度
1	党政机关	政府机关及法院	0.0154	★★★★★
2		行政审批局	0.0214	★★★★
3	公共建筑	医院	0.0243	★★★★
4		中专学校	0.0291	★★★★
5		走读制中学	0.0318	★★★
6	工业	食品加工厂（白天生产）	0.0269	★★★★
7		造纸厂（24 小时生产）	0.0470	★★
8		化工厂（三班倒生产）	0.1269	★
9		机械加工厂（夜间生产）	0.2424	★
10	商业	商贸城	0.0322	★★★
11		商业综合体	0.0539	★★
12		酒店	0.0578	★★
13		百货大楼	0.0796	★★
14	居民	农村居民	0.0334	★★★

根据上述分析结果，有如下结论：

（1）方差越小，光伏出力曲线与负荷曲线的相似程度越高，场景负荷特性与光伏出力越匹配。

（2）党政机关、公共建筑的匹配程度更高，居民、商业次之，工业由于不同类型用电特性差距较大，匹配程度相对复杂。

（3）根据分析，存在白天负荷高峰特征的用电负荷类型与分布式光伏匹配程度高的现象，其中又以最大负荷出现在午间时段的负荷类型最好，能有效平滑光伏出力曲线。

（4）工业类负荷与光伏的匹配程度与生产时间安排有关，由于电力市场工商业分时电价的晚间低谷时段长、午间低谷时段短，午间生产较难排期，因此会造成对电价敏感的工业选择夜晚生产，白天负荷较低，与光伏匹配性较差。

（5）党政机关、公共建筑负荷特性与光伏出力较为匹配，根据"5432"开发原则，应优先开发；工业、商业负荷响应能力较强，负荷调节较灵活，应优化电力市场时段和价格机制予以引导；居民负荷以全额上网居多，实际单户光伏装机容量远大于其负荷，应推进"集中汇流"等规模化开发模式或配置分布式储能。

二、"光伏+"典型场景下的储能配置方案研究

1．研究原则

"光伏+"典型场景下的光伏和储能配置应遵循因地制宜、电网友好和经济最优原则。因地制宜方面，光伏的配置应充分考虑典型场景的建设条件，选取合适的安装角度与间隙，合理确定配置规模；电网友好方面，光伏的配置应考虑用户的负荷特性，尽量不出现光伏上送情况，若出现短时/大规模上送情况应考虑配置相应的储能；经济最优方面，光伏和储能的配置应充分考虑项目投资成本与收益，以内部收益率最大为约束，形成典型场景下的最优配置方案。

某省各类电价及光伏开发成本见表3-16～表3-18。

表3-16　　　　　　　　居民售电价及工商业代理购电价情况

用电分类	等级	电价（元/kWh）
居民生活用电	第一档	0.5469
	第二档	0.5969
	第三档	0.8469
工商业及其他用电	不满 1kV	0.71156875
	1～10kV	0.69776875
	35kV 及以上	0.68396875

表3-17　　　　　　　　光伏开发成本（集中汇流接入）

类别	项目	成本（元/W）
设计监理费用	可行性研究报告	0.01
	系统接入报告	
	施工图、竣工图	0.02
	监理费	0.01

续表

类别	项目	成本（元/W）
设计监理费用	并网服务	0.02
一次设备	组件	2
	支架	0.28
	逆变器	0.22
	开关柜/配电柜/控制柜	0.05
	直流电缆	0.06
	交流汇流电缆	0.1
	升压变压器	0.17
二次设备	二次设备（AGC）	0.05
工程施工	桥架、扁铁辅材及施工	0.3
合计		3.29

表 3-18　　　　　　光伏开发成本（低压分散接入）

类别	项目	成本（元/W）
设计监理费用	可行性研究报告	0.01
	系统接入报告	
设计监理费用	施工图、竣工图	0.02
	监理费	0.01
	并网服务	0.02
一次设备	组件	2
	支架	0.28
	逆变器	0.22
	开关柜/配电柜/控制柜	0.05
	直流电缆	0.06
工程施工	桥架、扁铁辅材及施工	0.3
合计		2.97

2．研究场景

对党政机关、公共建筑、工业、商业、农村居民五种典型场景开展储能配置方案研究，测算不同电价水平下全额上网、自发自用余电上网（50%自用、50%上网）、全部自用三种电量消纳方式不同储能配置比例对应的收益率，并给出储能配置比例建议。

具体的测算过程为：将储能配置比例以 5%为间隔依次设定为 10%、2h～

100%、2h，分别测算分布式光伏在集中汇流接入和低压分散接入两种模式下的光储系统单位容量成本，然后结合系统成本对各类典型场景下的储能配置收益率进行测算，具体测算结果如下。

（1）工商业用电价格（不满 1kV）。不满 1kV 的代理购电工商业用户电价为 0.71156875 元/kWh，该电价适用于党政机关、医院、工业、商业场景。

1）分布式光伏全部自用时储能配置。以 400kVA 配电变压器接入 400kW 光伏，分布式光伏全部自用为例，应用枚举法和经济评价算法，考虑不同的储能配置比例计算投资收益率，不满 1kV 工商业分布式光伏全部自用时储能配置比例和投资收益率情况见表 3-19。

表 3-19　不满 1kV 工商业分布式光伏全部自用时储能配置比例和投资收益率情况

序号	储能配置比例	集中汇流接入投资收益率	低压分散接入投资收益率
1	75%、2h	—	10.12%
2	80%、2h	—	9.61%
3	85%、2h	—	9.13%
4	90%、2h	—	9.67%
5	**95%、2h**	—	**8.23%**
6	100%、2h	—	7.82%

考虑分布式光伏接入后电压质量满足 GB/T 12325《电能质量 供电电压偏差》的要求且具有经济可行性，低压分散接入模式按照 95%、2h 的比例配置储能时，系统的投资收益率可维持在 8%左右。

2）分布式光伏自发自用余量上网（50%自用、50%上网）时储能配置。以 400kVA 配电变压器接入 400kW 光伏，分布式光伏自发自用余量上网（50%自用、50%上网）为例，应用枚举法和经济评价算法，考虑不同的储能配置比例计算投资收益率，不满 1kV 工商业分布式光伏自发自用余量上网（50%自用、50%上网）时储能配置比例和投资收益率情况见表 3-20。

表 3-20　不满 1kV 工商业分布式光伏自发自用余量上网（50%自用、50%上网）时储能配置比例和投资收益率情况

序号	储能配置比例	集中汇流接入投资收益率	低压分散接入投资收益率
1	35%、2h	—	10.77%

序号	储能配置比例	集中汇流接入投资收益率	低压分散接入投资收益率
2	40%、2h	—	10.05%
3	45%、2h	—	9.39%
4	50%、2h	—	8.77%
5	**55%、2h**	—	**8.19%**
6	60%、2h	—	7.65%

考虑分布式光伏接入后电压质量满足相关导则要求且具有经济可行性，低压分散接入模式按照 55%、2h 的比例配置储能时，系统的投资收益率可维持在 8%左右。

3）分布式光伏全额上网时储能配置。以 400kVA 配电变压器接入 400kW 光伏，分布式光伏全额上网为例，应用枚举法和经济评价算法，考虑不同的储能配置比例计算投资收益率，不满 1kV 工商业分布式光伏全额上网时储能配置比例和投资收益率情况见表 3-21。

表 3-21　不满 1kV 工商业分布式光伏全额上网时储能配置比例和投资收益率情况

序号	储能配置比例	集中汇流接入投资收益率	低压分散接入投资收益率
1	10%、2h	7.79%	8.94%
2	**15%、2h**	**7.05%**	8.08%
3	20%、2h	6.36%	7.30%
4	25%、2h	5.72%	6.58%
5	**30%、2h**	5.13%	**5.92%**
6	35%、2h	4.57%	5.30%

考虑分布式光伏接入后电压质量满足相关导则要求且具有经济可行性，集中汇流模式按照 15%、2h 的比例配置储能，低压分散接入模式按照 30%、2h 的比例配置储能时，系统的投资收益率可维持在 6%左右，能够基本满足光伏开发企业的收益要求。

（2）工商业用电价格（1～10kV）。1～10kV 的代理购电工商业用户电价为 0.69776875 元/kWh，该电价适用于党政机关、医院、工业、商业场景。

1）分布式光伏全部自用时储能配置。以 400kVA 配电变压器接入 400kW 光伏，分布式光伏全部自用为例，应用枚举法和经济评价算法，考虑不同的储能配置比例计算投资收益率，1～10kV 工商业分布式光伏全部自用时储能配置比例和投资收益率情况见表 3-22。

表 3-22　　1～10kV 工商业分布式光伏全部自用时储能配置比例和投资收益率情况

序号	储能配置比例	集中汇流接入投资收益率	低压分散接入投资收益率
1	70%、2h	9.61%	10.33%
2	75%、2h	9.12%	9.80%
3	80%、2h	8.65%	9.29%
4	**85%、2h**	**8.21%**	8.82%
5	**90%、2h**	7.79%	**8.36%**
6	95%、2h	7.39%	7.93%

考虑分布式光伏接入后电压质量满足相关导则要求且具有经济可行性，集中汇流模式按照 85%、2h 的比例配置储能，低压分散接入模式按照 90%、2h 的比例配置储能时，系统的投资收益率可维持在 8% 左右。

2）分布式光伏自发自用余量上网（50%自用、50%上网）时储能配置。以 400kVA 配电变压器接入 400kW 光伏，分布式光伏自发自用余量上网（50%自用、50%上网）为例，应用枚举法和经济评价算法，考虑不同的储能配置比例计算投资收益率，1～10kV 工商业分布式光伏自发自用余量上网（50%自用、50%上网）时储能配置比例和投资收益率情况见表 3-23。

表 3-23　1～10kV 工商业分布式光伏自发自用余量上网（50%自用、50%上网）
时储能配置比例和投资收益率情况

序号	储能配置比例	集中汇流接入投资收益率	低压分散接入投资收益率
1	30%、2h	10.26%	11.31%
2	35%、2h	9.58%	10.54%
3	40%、2h	8.95%	9.84%
4	**45%、2h**	**8.36%**	9.18%
5	**50%、2h**	7.80%	**8.57%**
6	55%、2h	7.28%	7.99%

考虑分布式光伏接入后电压质量满足相关导则要求且具有经济可行性，集中汇流模式按照 45%、2h 的比例配置储能，低压分散接入模式按照 50%、2h 的比

例配置储能时，系统的投资收益率可维持在 8%左右。

3）分布式光伏全额上网时储能配置。以 400kVA 配电变压器接入 400kW 光伏，分布式光伏全额上网为例，应用枚举法和经济评价算法，考虑不同的储能配置比例计算投资收益率，1～10kV 工商业分布式光伏全额上网时储能配置比例和投资收益率情况见表 3-24。

表 3-24　　1～10kV 工商业分布式光伏全额上网时储能配置比例和投资收益率情况

序号	储能配置比例	集中汇流接入投资收益率	低压分散接入投资收益率
1	10%、2h	7.79%	8.94%
2	**15%、2h**	**7.05%**	8.08%
3	20%、2h	6.36%	7.30%
4	25%、2h	5.72%	6.58%
5	**30%、2h**	5.13%	**5.92%**
6	35%、2h	4.57%	5.30%

考虑分布式光伏接入后电压质量满足相关导则要求且具有经济可行性，集中汇流模式按照 15%、2h 的比例配置储能，低压分散接入模式按照 30%、2h 的比例配置储能时，系统的投资收益率可维持在 6%左右，能够基本满足光伏开发企业的收益要求。

（3）工商业用电价格（35kV 及以上）。35kV 及以上的代理购电工商业用户电价为 0.68396875 元/kWh，该电价适用于大型党政机关、医院、工业、商业场景。

1）全部自用消纳方式下的储能配置。以 400kVA 配电变压器接入 400kW 光伏，分布式光伏全部自用为例，应用枚举法和经济评价算法，考虑不同的储能配置比例计算投资收益率，35kV 及以上工商业全部自用消纳方式下的储能配置比例和投资收益率情况见表 3-25。

表 3-25　　35kV 及以上工商业全部自用消纳方式下的储能配置比例和投资收益率情况

序号	储能配置比例	集中汇流接入投资收益率	低压分散接入投资收益率
1	70%、2h	9.29%	9.99%
2	75%、2h	8.80%	9.47%
3	**80%、2h**	**8.34%**	8.97%

续表

序号	储能配置比例	集中汇流接入投资收益率	低压分散接入投资收益率
4	85%、2h	7.91%	8.50%
5	**90%、2h**	7.49%	**8.05%**
6	95%、2h	7.10%	7.63%

考虑分布式光伏接入后电压质量满足相关导则要求且具有经济可行性，集中汇流模式按照 80%、2h 的比例配置储能，低压分散接入模式按照 90%、2h 的比例配置储能时，系统的投资收益率可维持在 8% 左右。

2）自发自用、余量上网（50%自用、50%上网）消纳方式下的储能配置。以 400kVA 配电变压器接入 400kW 光伏，分布式光伏自发自用余量上网（50%自用、50%上网）为例，应用枚举法和经济评价算法，考虑不同的储能配置比例计算投资收益率，35kV 及以上工商业自发自用、余量上网（50%自用、50%上网）消纳方式下的储能配置比例和投资收益率情况见表 3-26。

表 3-26　35kV 及以上工商业自发自用、余量上网（50%自用、50%上网）消纳方式下的储能配置比例和投资收益率情况

序号	储能配置比例	集中汇流接入投资收益率	低压分散接入投资收益率
1	30%、2h	10.05%	11.08%
2	35%、2h	9.37%	10.32%
3	40%、2h	8.74%	9.62%
4	**45%、2h**	**8.16%**	8.97%
5	**50%、2h**	7.61%	**8.36%**
6	55%、2h	7.09%	7.79%

考虑分布式光伏接入后电压质量满足相关导则要求且具有经济可行性，集中汇流模式按照 45%、2h 的比例配置储能，低压分散接入模式按照 50%、2h 的比例配置储能时，系统的投资收益率可维持在 8% 左右。

3）全额上网消纳方式下的储能配置。以 400kVA 配电变压器接入 400kW 光伏，分布式光伏全额上网为例，应用枚举法和经济评价算法，考虑不同的储能配置比例计算投资收益率，35kV 及以上工商业全额上网消纳方式下的储能配置比例和投资收益率情况见表 3-27。

表 3-27　35kV 及以上工商业全额上网消纳方式下的储能配置比例和投资收益率情况

序号	储能配置比例	集中汇流接入投资收益率	低压分散接入投资收益率
1	10%、2h	7.79%	8.94%
2	**15%、2h**	**7.05%**	8.08%
3	20%、2h	6.36%	7.30%
4	25%、2h	5.72%	6.58%
5	**30%、2h**	5.13%	**5.92%**
6	35%、2h	4.57%	5.30%

考虑分布式光伏接入后电压质量满足相关导则要求且具有经济可行性，集中汇流模式按照 15%、2h 的比例配置储能，低压分散接入模式按照 30%、2h 的比例配置储能时，系统的投资收益率可维持在 6%左右，能够基本满足光伏开发企业的收益要求。

（4）居民生活用电价格。第一档的居民生活用电电价为 0.5469 元/kWh，该电价适用于农村居民、学校场景。

1）全部自用消纳方式下的储能配置。以 400kVA 配电变压器接入 400kW 光伏，分布式光伏全部自用为例，应用枚举法和经济评价算法，考虑不同的储能配置比例计算投资收益率，居民全部自用消纳方式下的储能配置比例和投资收益率情况见表 3-28。

表 3-28　居民全部自用消纳方式下的储能配置比例和投资收益率情况

序号	储能配置比例	集中汇流接入投资收益率	低压分散接入投资收益率
1	35%、2h	9.60%	10.56%
2	40%、2h	8.97%	9.86%
3	**45%、2h**	**8.37%**	9.20%
4	50%、2h	7.82%	8.58%
5	**55%、2h**	7.30%	**8.01%**
6	60%、2h	6.80%	7.47%

考虑分布式光伏接入后电压质量满足相关导则要求且具有经济可行性，集中汇流模式按照 45%、2h 的比例配置储能，低压分散接入模式按照 55%、2h 的比例配置储能时，系统的投资收益率可维持在 8%左右。

分布式光伏规模化接入的配电网规划

2）自发自用、余量上网（50%自用、50%上网）消纳方式下的储能配置。以400kVA 配电变压器接入 400kW 光伏，分布式光伏自发自用余量上网（50%自用、50%上网）为例，应用枚举法和经济评价算法，考虑不同的储能配置比例计算投资收益率，居民自发自用、余量上网（50%自用、50%上网）消纳方式下的储能配置比例和投资收益率情况见表 3-29。

表 3-29　居民自发自用、余量上网（50%自用、50%上网）消纳方式下的储能配置比例和投资收益率情况

序号	储能配置比例	集中汇流接入投资收益率	低压分散接入投资收益率
1	15%、2h	9.96%	11.17%
2	20%、2h	9.19%	10.28%
3	**25%、2h**	**8.47%**	9.47%
4	30%、2h	7.81%	8.73%
5	**35%、2h**	7.20%	**8.04%**
6	40%、2h	6.62%	7.40%

考虑分布式光伏接入后电压质量满足相关导则要求且具有经济可行性，集中汇流模式按照 25%、2h 的比例配置储能，低压分散接入模式按照 35%、2h 的比例配置储能时，系统的投资收益率可维持在 8% 左右。

3）全额上网消纳方式下的储能配置。以 400kVA 配电变压器接入 400kW 光伏，分布式光伏全额上网为例，应用枚举法和经济评价算法，考虑不同的储能配置比例计算投资收益率，居民全额上网消纳方式下的储能配置比例和投资收益率情况见表 3-30。

表 3-30　居民全额上网消纳方式下的储能配置比例和投资收益率情况

序号	储能配置比例	集中汇流接入投资收益率	低压分散接入投资收益率
1	10%、2h	7.79%	8.94%
2	**15%、2h**	**7.05%**	8.08%
3	20%、2h	6.36%	7.30%
4	25%、2h	5.72%	6.58%
5	**30%、2h**	5.13%	**5.92%**
6	35%、2h	4.57%	5.30%

考虑分布式光伏接入后电压质量满足相关导则要求且具有经济可行性，集中汇流模式按照 15%、2h 的比例配置储能，低压分散接入模式按照 30%、2h 的比例配置储能时，系统的投资收益率可维持在 6%左右，能够基本满足光伏开发企业的收益要求。

3．综合分析

对各类典型场景下的三种分布式光伏电量消纳方式进行储能配置收益率测算时，因为考虑的主要是经济性，所以影响收益率的主要因素是电价。通过对上述典型场景的分析，可以得到以下结论：

（1）对于全额上网模式，因分布式光伏上网暂未参与市场化交易，所以收益与上网电价相关且固定。集中汇流模式可按照 15%、2h 配置储能，低压分散接入模式建议按照 30%、2h 配置储能，仍能保证 6%的收益率。

（2）对于全部自用模式，收益为用户节约的用电费用，即与用户用电价格相关。对于工商业，集中汇流模式按照 80%、2h，低压分散接入模式按照 90%、2h 的比例配置储能仍能保证 8%以上较高收益率；对于居民或学校，集中汇流模式按照 45%、2h，低压分散接入模式按照 55%、2h 的比例配置储能仍能保证 8%以上收益率。

（3）对于自发自用、余量上网模式，系统收益与上网电价和用户用电价格均相关，储能配置收益率介于全额上网模式和全部自用模式之间。用电价格越高，自用比例越大，配置储能的收益率越高。

上述计算结果未考虑储能参与市场化交易的收益，若出台相关政策，鼓励分布式储能聚合为云储能并参与市场化交易，则收益率会有所提高。

第三节　多元负荷用能需求评估方法

随着多元负荷不断发展，以电动汽车和储能装置为代表的多元负荷将以更大规模接入配电网，且多元负荷用能需求存在较大差异，这在一定程度上影响了配电网的供电可靠性。因此本节就电动汽车和储能装置两类多元负荷的用能需求及其接入配电网后对配电网的供电可靠性影响展开相关研究。

一、多元负荷介绍

1. 电动汽车

（1）按动力分类。按照动力的不同，可将电动汽车的分类划为纯电动汽车、混合动力汽车和燃料电池动力汽车三大类。

1）纯电动汽车（BEV）。其动力来源不再是石油、天然气等化石燃料，而是储存电能的蓄电池组。汽车内部的动力、空调等设备完全由蓄电池供能。相比传统动力汽车，纯电动汽车清洁、无污染，能源转换率高，因此在今后很长一段时间里，纯电动汽车都是一个重点的发展方向。

2）混合动力汽车（HEV）。其不需要外接充电接口，依靠汽油等燃料提供电能。与传统汽车相比，混合动力汽车内燃机始终工作在最佳运行状态，油耗更低，但由于它没有彻底摆脱对化石能源的依赖，属于电动汽车发展方向中的折中方案。

3）燃料电池动力汽车（FCEV）。按照燃料的不同分为氢燃料、甲烷燃料、甲醇燃料、汽油燃料。与纯电动汽车不同之处在于它是发电装置，自身并不能存储电能，燃料贮藏在电池外部的储藏罐。以氢燃料电池汽车为例，靠氢气与氧气发生化学反应释放的能量驱动，具有无污染、续航长等优点，但同时也有许多安全性、经济性的问题。考虑到储存燃料的安全性和成本造价，燃料电池汽车的发展前景不及纯电动汽车。

（2）按充电方式分类。按照汽车充电方式的不同，电动汽车又分为常规充电、快速充电。

1）常规充电。也作慢充，其充电持续时间很长，不同类型电动汽车根据其电池容量大小有所区别，一般为 6~10h。常规充电的特点是充电功率比较低，为 3~10kW，充电电流较小，为 10~20A。这种模式下，电动汽车用户可以选择在自家小区的停车场、家中车库充电桩进行充电。由于这种方式充电功率较小，充电设施的造价较低，人们选择的时间和空间的范围更广，对电池损伤较小，且对电网冲击性很低，适用于多数用户。但也随之带来充电时间过长、出行不便等问题。

2）快速充电。相比常规充电，其充电迅速，能在很短的时间充满电池或达到人们出行需求电量。快速充电的充电电流往往很大，可以达到100～250A，通常只需要十几到几十分钟的时间即可将电动汽车电池充满。一般应用于一些公共场所，如学校、医院、大型商场等。快速充电模式因其充电功率较高，充电电流很大，所以与常规充电装置相比，其造价更加昂贵、成本更高。

2. 储能装置

传统意义上，电力储能是指实现电力存储的技术。广义的电力储能是指电力与化学能、热能、机械能之间的转化，在能源互联网的背景下，广义的电力储能技术可定义为实现电力与热能、化学能、机械能等能量之间的单向或双向存储设备。储能技术根据能量转化形式不同可以分为物理储能和电化学储能两类。

（1）物理储能：利用抽水蓄能、压缩空气储能、飞轮储能等物理方法实现能量的存储，抽水蓄能在目前的储能应用中占比最大。

（2）电化学储能：利用蓄电池、锂电池等技术将电能存储为化学能的储能形式，可循环使用，响应速度快。

在"双碳"目标和建设新型电力系统的大背景下，储能是适应未来可再生能源大规模接入、提高电力系统调节能力不可或缺的灵活性资源。将储能技术引入电力系统，作为一种电能转换和存储的设备，有效解决了新能源的随机性和波动性与电力系统功率供需实时平衡之间的矛盾。储能系统作为一种灵活调节资源，既要解决功率尺度上调和电力系统实时的供需矛盾，也要具备足够的电能存储能力，在能量尺度上满足电力系统不同时间尺度上的供需平衡。因此，不同储能技术的核心参数和技术指标主要可以分为功率、续航时间、响应速度等方面。电力系统对储能的需求，可以划分以下应用场景：

（1）对于平滑新能源出力波动，提高输配电设备利用效率的应用场景，要求储能能够具备较快的响应能力，同时能够适应充放电频繁转换，代表性的技术路线为电化学储能，尤其以锂电池储能为典型。

（2）对于大电网削峰填谷、调节负荷等，需要高功率、大容量、长时间尺度的储能支撑应用场景，需要储能系统具备较强的吞吐能力、良好的使用寿命和资源环境友好特性，代表性的技术路线包括抽水蓄能、压缩空气储能、熔融盐储能和氢储能等。

二、多元负荷的差异化供电可靠性需求分析

考虑多元负荷差异化的供电可靠性需求，负荷可靠性需求越低，配电网越容易达到较高的供电可靠性，配电网供电可靠性在一定程度上也可以反映负荷的可靠性需求。下面就配电网供电可靠性关键要素及其影响因素、多元负荷接入对配电网供电可靠性的影响机理开展分析。

1. 配电网供电可靠性关键要素及其影响因素分析

配电网供电可靠性是指配电网向用户持续供电的能力，从对用户停电影响的角度分析，可以用统计年份内的总停电时户数来衡量。

用户停电会受到故障和预安排的影响，具体来说，停电频率、单次停电的停电时间、单次停电的影响范围（停电时户数）均与总停电时户数密切相关，是配电网供电可靠性的关键要素。从上述三个方面出发，进一步分析配电网供电可靠性的影响因素，具体如下：

（1）停电频率。停电频率主要受电气设备类型和电气设备使用年限的影响。不同的电气设备，如架空线路、电缆线路和开关设备等，其故障均可能会造成配电网停电，但其故障频率往往不同。由于各电气设备故障频率与设备使用年限息息相关，超过使用年限的设备更容易发生故障，因此超过使用年限和未超过使用年限的设备，其故障频率往往不同。

（2）单次停电的停电时间。单次停电的停电时间主要受配电自动化水平和故障所属馈线分区的影响。

1）配电自动化水平影响。一般来说，配电自动化水平越高，故障引起的停电时间越短，这是因为：①若故障点装置了"二遥"设备，则故障定位时间是由自动化装置定位时间决定的，如故障点没有装置自动化设备，则故障定位时间是由手动巡查故障时间决定的；②若故障点装置了"三遥"设备，则配电网的故障隔离时间、负荷转带的时间和恢复供电的时间均是自动定位的时间，否则为手动操作的时间。

2）故障所属馈线分区影响。故障所属馈线分区不同，一般来说，故障引起的停电时间也是不同的。根据故障扩散范围和恢复供电范围以开关装置为边界的特点，可以进行馈线分区。其中，最小隔离区是具有共同入口元件的元件集合，

入口元件为开关和保护装置，且每一最小隔离区只包括一个开关或保护装置。最小隔离区概念的应用如图 3-17 所示，根据定义，其被划分为 5 个最小隔离区。

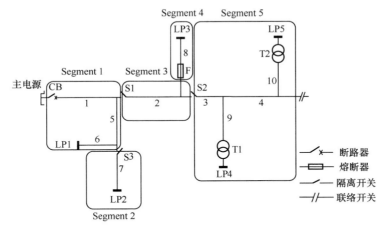

图 3-17　最小隔离区概念的应用

a．将配电网划分为若干最小隔离区后，配电网的故障影响分析不再以单个元件为对象，而代之以馈线分区为基本单元。下面定义故障区、上游区和下游区。

a）故障区：故障元件所属的最小隔离区为故障区。

b）上游区：故障区中的开关元件连接的另一区域及与该区域通过开关相连的除故障区外的所有区域均为故障区的上游区。

c）下游区：开关连接的两个区域中包括故障区但开关不在故障区内，则该开关连接的另一区域（非故障区）及所有与该区域通过其余开关连接的区域均为故障区的下游区。

以图 3-17 为例，假设 Segment3 故障，则 Segment3 为故障区，Segment1 和 Segment2 为上游区，Segment5 为下游区。

b．下面定义故障发生后的故障隔离时间、转供时间以及故障修复时间。

a）故障隔离时间：从故障发生到故障区被手动隔离的时间定义为故障隔离时间。

b）转供时间：从故障手动隔离到联络断路器闭合，负荷转供完成的时间定义为转供时间。

c）故障修复时间：从故障手动隔离到故障元件修复完成，故障区恢复供电所需的时间定义为故障修复时间。

故障隔离后，故障区域的上游区可以立即恢复供电，而故障区域的下游区可以通过联络断路器实现转供从而恢复供电，因此故障区域的上游区对应的停电时间为故障隔离时间，而故障区域的下游区对应的停电时间为故障隔离时间与转供时间之和，故障区对应的停电时间为故障隔离时间与故障修复时间之和。

（3）单次停电的影响范围。单次停电的影响范围主要受配电网接线模式和负荷量大小的影响。其中，配电网接线模式分为单联络、两联络、三联络等，配电网的联络断路器数量越多，故障发生后可行的转供路径可能越多，转供更容易实现；负荷量大小将直接影响故障负荷是否具备转供条件，若转供可行，需按维修时间停电的范围在缩小；若转供不可行，需按维修时间停电的范围在扩大。

通过对停电频率、单次停电的停电时间和单次停电的影响范围的分析可以看出，停电频率和单次停电的停电时间是网络的固有属性，多元负荷的接入对于这两个要素并不会产生影响。而单次停电的影响范围受供电负荷的影响，因此多元负荷的接入会对单次停电的影响范围产生较大影响。

2. 多元负荷接入对配电网供电可靠性的影响机理分析

基于前文对配电网供电可靠性影响因素的分析不难发现，电动汽车（慢充）、用户侧储能等多元负荷与传统负荷相比，通常具有较强的负荷平移特性，为故障后负荷总量的削减提供了一定的空间，进而产生了差异化供电可靠性需求。

具体而言，与配电网供电可靠性相关的三个关键要素中，停电频率主要受电气设备类型和电气设备使用年限的影响，单次停电的停电时间主要受配电自动化水平和故障所属馈线分区的影响，所以这两个关键要素并不会受到多元负荷接入的影响。但是，单次停电的影响范围与负荷量密切相关，因为传统负荷的负荷量是网络的固有特性，和用户长久以来规律的用电行为密切相关。而电动汽车（慢充）、用户侧储能等多元负荷因具备可平移特性，均可降低故障时刻系统的负荷量，为配电网故障时负荷转供留出更大裕度。

值得注意的是，多元负荷的供电可靠性需求与传统负荷的供电可靠性需求存在差异，具体表现为当故障发生时，电动汽车（慢充）、用户侧储能等多元负荷可以通过其时移特性，实现负荷平移，减轻外部配电网停电对于多元负荷用能的影响。同时，由于用户侧储能没有明确的用电目标，除了自身可靠性需求不受停电的影响外，它还能作为"源"去供给其他负荷，减少其他负荷停电时间，进而满足其他负荷可靠性需求。

所以，当这些负荷达到一定的比例，其可平移特性也将对配电网设备的备用容量产生影响。若可以通过价格引导策略，科学地引导多元负荷的用能行为，就可以降低配电网的负荷峰值，扩大故障后通过其他联络线路实现转供的负荷供给范围，减少配电网单次停电的影响范围，提升配电网的可靠性。

三、基于价格引导的多元负荷用能需求评估模型

为了提升配电网规划的经济性，需要对电动汽车、用户侧储能等多元负荷进行合理的管理。慢充电动汽车和用户侧储能的用能行为均会受到外部价格信号的影响，其会以自身利益最大为目标调整用电行为。因此，本小节建立基于价格引导的多元负荷用能需求评估模型，以支撑考虑多元负荷的配电网用能特性曲线刻画。

1. 慢充电动汽车

基于外部的价格引导信号，慢充电动汽车需要以电动汽车充电成本最小为目标函数，具体表达式如下

$$\min f_{\text{ev},i,m} = \sum_{t\in\Gamma} w_{\text{ev}}^t P_{\text{ev},i,m}^t \Delta t \tag{3-6}$$

式中：w_{ev}^t 为电动汽车 t 时刻的充电价格；$P_{\text{ev},i,m}^t$ 为节点 i 处充电的第 m 辆电动汽车 t 时刻的充电功率；Δt 为单位时间间隔。

在优化慢充电动汽车的充电策略时，需要在电动汽车可选充电时段、最大充电功率和总充电电量需求已知的条件下，对电动汽车的充电时刻和充电功率进行优化，以使其充电成本最小。其中需要满足的约束如下

$$0 \leqslant P_{\text{ev},i,m}^t \leqslant P_{\text{ev},i,m}^{\max} \tag{3-7}$$

$$S_{\text{ev},i,m} = \sum_{t\in\Gamma} P_{\text{ev},i,m}^t \Delta t w_{\text{ev}}^t \tag{3-8}$$

$$\Gamma = [t_{\text{ev},i,m}^{\text{start}}, t_{\text{ev},i,m}^{\text{end}}] \tag{3-9}$$

式中：$P_{\text{ev},i,m}^{\max}$ 为节点 i 处充电的第 m 辆电动汽车的最大充电功率；$S_{\text{ev},i,m}$ 为节点 i 处充电的第 m 辆电动汽车的充电电量需求；$t_{\text{ev},i,m}^{\text{start}}$ 为节点 i 处充电的第 m 辆电动

汽车可选充电时段的开始时刻；$t_{\text{ev},i,m}^{\text{end}}$ 为节点 i 处充电的第 m 辆电动汽车可选充电时段的结束时刻；Γ 为可选充电时刻的集合。

对所有慢充电动汽车采用该模型进行求解以得到各辆慢充电动汽车的用能曲线；快充电动汽车的用能曲线无须优化，是数值为最大充电功率的一条线段，将所有电动汽车（快充和慢充）的用能曲线叠加得到电动汽车的总用能曲线。

2. 用户侧储能

（1）场景 1：用户侧含负荷和储能。在该场景中，需要以安装储能后的用户日用能成本最小为目标，其具体表达式如下

$$\min f = \sum_{t=1}^{24} w^t P_{j,t}^{\text{inj}}, \quad \forall j \in \Omega_1 \tag{3-10}$$

式中：w^t 为 t 时刻的电价；$P_{j,t}^{\text{inj}}$ 为节点 j 处 t 时刻的功率需求；Ω_1 为只含有负荷和储能的节点的集合。

在优化该场景下用户侧储能的运行策略时，需要在负荷各时刻功率、储能的安装容量和额定功率已知的条件下，对储能各时刻的充放电功率进行优化。其中需要满足的约束如下：

1）储能运行约束，表达式如下

$$0 \leqslant P_{j,t}^{\text{ess,ch}} \leqslant P_{j,\text{max}}^{\text{ess}} \tag{3-11}$$

$$0 \leqslant P_{j,t}^{\text{ess,dis}} \leqslant P_{j,\text{max}}^{\text{ess}} \tag{3-12}$$

$$E_{j,t}^{\text{ess}} \leqslant E_{j,\text{max}}^{\text{ess}} \quad \forall t, \forall i \tag{3-13}$$

$$E_{j,t+1}^{\text{ess}} = E_{j,t}^{\text{ess}} + \eta_{\text{ch}} P_{j,t}^{\text{ess,ch}} \Delta t - \frac{P_{j,t}^{\text{ess,dis}}}{\eta_{\text{dis}}} \Delta t \tag{3-14}$$

$$E_{j,0}^{\text{ess}} = E_{j,24}^{\text{ess}} \tag{3-15}$$

式中：j 是只含有负荷和储能的节点；$P_{j,t}^{\text{ess,ch}}$ 为节点 j 处 t 时刻储能的充电功率；$P_{j,t}^{\text{ess,dis}}$ 为节点 j 处 t 时刻储能的放电功率；$P_{j,\text{max}}^{\text{ess}}$ 为节点 j 处安装储能的额定功率；$E_{j,\text{max}}^{\text{ess}}$ 为节点 j 处安装储能的容量；$E_{j,t}^{\text{ess}}$ 为节点 j 处 t 时刻储能的电量；η_{ch} 为储能的充电效率；η_{dis} 为储能的放电效率；Δt 为单位时间间隔；$E_{j,0}^{\text{ess}}$ 为节点 j 处 0:00

储能的电量；$E_{j,24}^{\text{ess}}$ 为节点 j 处 24:00 储能的电量。

2）节点功率平衡约束，表达式如下

$$P_{j,t}^{\text{inj}} = P_{j,t}^{\text{L}} + P_{j,t}^{\text{ess,ch}} - P_{j,t}^{\text{ess,dis}}, \quad \forall j \in \Omega_1 \tag{3-16}$$

式中：$P_{j,t}^{\text{L}}$ 为节点 j 处 t 时刻负荷的功率。

（2）场景 2：用户侧为光储站。在该场景中，要以安装储能后用户侧光储站日收益最大为目标，其具体表达式如下

$$\max f = \sum_{t=1}^{24} w^t P_{j,t}^{\text{out}}, \quad \forall j \in \Omega_2 \tag{3-17}$$

式中：w^t 为 t 时刻的电价；$P_{j,t}^{\text{out}}$ 为节点 j 处 t 时刻的功率输出；Ω_2 为只含有光伏和储能的节点的集合。

在优化该场景下用户侧储能的运行策略时，需要在光伏的出力、储能的安装容量和额定功率已知的条件下，对储能各时刻的充放电功率进行优化。其中需要满足的约束如下：

1）储能运行约束（同场景 1）。

2）节点功率平衡约束，表达式如下

$$P_{j,t}^{\text{out}} = P_{j,t}^{\text{PV}} + P_{j,t}^{\text{ess,dis}} - P_{j,t}^{\text{ess,ch}}, \quad \forall j \in \Omega_2 \tag{3-18}$$

式中：$P_{j,t}^{\text{PV}}$ 为节点 j 处 t 时刻光伏的功率。

（3）场景 3：用户侧含有负荷、光伏和储能。在该场景中，要以安装储能后的用户日用能成本最小为目标，其具体表达式如下

$$\min f = \sum_{t=1}^{24} w^t P_{j,t}^{\text{inj}}, \quad \forall j \in \Omega_3 \tag{3-19}$$

式中：w^t 为 t 时刻的电价；$P_{j,t}^{\text{inj}}$ 为节点 j 处 t 时刻的功率需求；Ω_3 为同时含有负荷、光伏和储能的节点的集合。

在优化该场景下用户侧储能的运行策略时，需要在负荷功率、光伏出力、储能的安装容量和额定功率已知的条件下，对储能各时刻的充放电功率进行优化。其中需要满足的约束如下：

1）储能运行约束（同场景 1）。

2）节点功率平衡约束，表达式如下

$$P_{j,t}^{\text{inj}} = P_{j,t}^{\text{L}} + P_{j,t}^{\text{ess,ch}} - P_{j,t}^{\text{ess,dis}} - P_{j,t}^{\text{PV}}, \quad \forall j \in \Omega_3 \qquad (3\text{-}20)$$

式中：$P_{j,t}^{\text{L}}$ 为节点 j 处 t 时刻负荷的功率；$P_{j,t}^{\text{PV}}$ 为节点 j 处 t 时刻光伏的功率。

四、分布式电源和多元负荷接入对配电网规划运行的影响分析

分布式电源（DG）接入配电网后，配电网由传统配电网变成了有源配电网，而多元负荷的接入又改变了原有配电网的负荷特性和负荷量，这对配电网的规划和运行都会产生一定的影响，下面对其进行详细分析。

1．对配电网规划的影响

（1）分布式电源。随着大规模的可再生分布式电源并网，使得配电网络出现了更多的电源点，改变了原有的单电源辐射型网络结构，配电网潮流的大小和方向发生较大的变化。

适当的 DG 接入可以实现负荷的就近供给，降低了网供负荷（净负荷），线路流过的功率减少，从而可以减少设备容量配置，提升配电网规划的经济性。然而，当 DG 过量接入时，功率开始倒送，线路流过的功率增大，反而会增加设备的容量配置，降低配电网规划的经济性。

（2）多元负荷。电动汽车和用户侧储能的接入将影响配电网的整体负荷特征。大规模的电动汽车接入配电网将明显增大配电网的电力负荷，尤其是快充电动汽车，当出现其充电负荷和常规用电高峰负荷相叠加的现象，会导致峰上加峰。配电网规划中的变压器容量和配电线路选型均需考虑电动汽车充电负荷的情况，这将会增大规划的难度。而电动汽车中的慢充电动汽车，因其具有可平移特性，可以避免在常规用电负荷高峰时进行充电，不会进一步加剧配电网在负荷高峰时的供电压力。

用户侧储能因其具备充放电特性，在配电网负荷高峰时可以通过放电起到分布式电源的作用，相当于一定程度上抵消了部分区域负荷；在配电网负荷低谷时进行充电，起到"填谷"的作用，平滑了负荷曲线。

电动汽车和用户侧储能等多元负荷接入配电网后，配电网网架规划涉及的负荷数据发生了较大变化，这将对配电网规划中的变压器容量选择、配电线路选型

等环节产生较大的影响。

2．对配电网运行的影响

（1）分布式电源。分布式电源（DG）接入对配电网的影响主要可以从节点电压和配电网网损两个方面进行分析，具体如下：

1）节点电压。分布式电源并网简化结构示意图如图 3-18 所示，本小节以此为例进行分布式电源并网对配网电压的影响分析。假设母线 1 的电压为 U_1，母线 2 的电压为 U_2，线路电阻为 R，线路电抗为 X，n 个负荷的总有功为 P_L，总无功为 Q_L，无功补偿容量为 Q_c，分布式电源的有功为 P_{DG}，无功为 Q_{DG}。

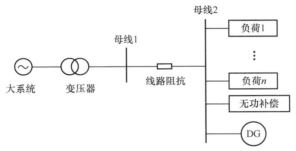

图 3-18　分布式电源并网简化结构示意图

假设分布式电源 DG 未接入配电系统，则母线 2 的电压 U_2 可表示为

$$U_2 = U_1 - \frac{RP_L + XQ_L}{U_2} \qquad (3-21)$$

当分布式电源接入配电系统后，则母线 2 的电压 U_2 可表示为

$$U_2 = U_1 - \frac{(P_L - P_{DG})R + (Q_L - Q_{DG})X}{U_2} \qquad (3-22)$$

分布式电源并网前后末端电压分布图如图 3-19 所示，图中显示的是一个典型的辐射式配电系统的线路电压。

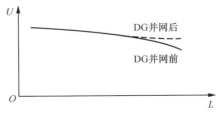

图 3-19　分布式电源并网前后末端电压分布图

通过图 3-19 可知，当配电网中未接入分布式电源时，电压随着远离变压器呈现下降趋势。接入了分布式电源后，会导致线路潮流变化，进而影响到电压曲线。当负荷很小时，可能会出现分布式电源输出功率回流到系统侧的情况，从而导致线路电压上升。

2）配电网网损。DG 接入后，改变了以往配电网单电源的情况，使其潮流出现了变化，对其系统损耗也产生了影响。含 DG 的配电系统简化模型如图 3-20所示，本小节以图 3-20 所示的简化系统分析分布式电源并网对配网网损的影响。

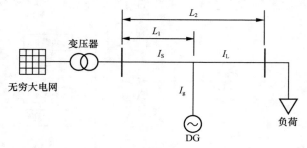

图 3-20 含 DG 的配电系统简化模型

假设该配电系统的负荷的视在功率 S_L 可表示为

$$S_L = P_L + jQ_L \tag{3-23}$$

式中：P_L 和 Q_L 分别表示负荷的有功功率和无功功率。

当分布式电源未并网时，配电线路的单相电流 I_L 可表示为

$$I_L = \frac{P_L - jQ_L}{3U_L} \tag{3-24}$$

式中：U_L 为配电系统的单相电压，kV。

为此，有功损耗 ΔP_1 可表示为：

$$\Delta P_1 = 3rL_2I_L^2 \tag{3-25}$$

式中：r 代表的是配电线路单位长度电阻值；L_2 代表的是负荷到变电站距离。

并网后，DG 单相输出电流 I_g 可表示为

$$I_g = \frac{P_g - jQ_g}{3U_L} \tag{3-26}$$

式中：P_g 和 Q_g 分别表示分布式电源的有功出力和无功出力。

根据分布式电源并入配电系统的位置，可将配电线路上的损耗概括为两部分，即变电站到分布式电源之间的损耗和分布式电源到负荷之间的损耗。根据图 3-20 可以得到

$$I_s = I_L - I_g \tag{3-27}$$

那么，变电站到分布式电源之间的有功损耗 ΔP_2 可表示为

$$\Delta P_2 = 3rL_1 I_s^2 \tag{3-28}$$

分布式电源并网后，并网点到负荷点之间的网损为

$$\Delta P_3 = 3r(L_2 - L_1)I_L^2 \tag{3-29}$$

分布式电源并网前后的配网网损变化量 ΔP 为

$$\Delta P = \Delta P_2 + \Delta P_3 - \Delta P_1 = \frac{rL_1}{3U_L^2}(P_g^2 + Q_g^2 - 2P_L P_g - 2Q_L Q_g) \tag{3-30}$$

当 ΔP 为正时，说明分布式电源并网后配电系统线路损耗减大；反之，损耗减小。

（2）多元负荷。多元负荷接入配电网和分布式电源一样，也会对配电网的电压和网损产生影响，下面对其进行说明。

1）节点电压。电动汽车本质上是负荷，其大量接入会改变原本配电网的负荷进而影响节点电压。快充电动汽车类似于固定负荷，当其在配电网负荷高峰时进行充电时，会进一步加重该时刻的负荷，导致节点电压降低，可能产生电压越下限风险；慢充电动汽车由于可以参与需求响应，因而类似于一种可平移的负荷，合理制定慢充电动汽车的充电策略可使其在负荷低谷时进行充电，起到"填谷"的作用以改善负荷曲线。在含有分布式电源的网络中，电动汽车在 DG 出力高峰时接入可以增加负荷，减轻分布式电源大量接入造成的电压升高问题。

用户侧储能接入会对各节点的电压幅值产生一定的影响。储能装置充电时相当于负荷，会降低节点电压；储能装置放电时，相当于电源，可以抵消配电网的部分负荷，提升节点电压。合理的储能运行策略可以削峰填谷，有效改善负荷曲线，进而改善配电网的电压分布。

2）配电网网损。电动汽车接入配电网后，当其充电时，从配电网中吸收功率，相当于负荷，会增大配电网的网供负荷，使得流过配电网的线路电流增大，增大配电网的线路损耗。

用户侧储能接入配电网后，当其处于放电时段时，向配电网中注入功率，相当于电源，为配电网中的负荷提供功率支持，减小了配电网中的网供负荷（净负荷），使得流过配电网线路的电流减小，从而降低配电网线路损耗；当接入配电网中的用户侧储能处于充电时段时，从配电网中吸收功率，相当于负荷，会增大配电网的网供负荷（净负荷），使得流过配电网的线路电流增大，增大配电网的线路损耗。

通过上述分析不难看出，若通过合理的调度手段，将电动汽车、用户侧储能等多元负荷用能特性与分布式电源出力特性进行匹配，则可以充分消纳新能源出力，提升配电网对分布式电源的承载能力；若通过合理的调度手段，对电动汽车、用户侧储能等多元负荷用能特性加以引导，则可以降低配电网净负荷功率平衡结果，进而减少设备容量配置，提升配电网规划的经济性。

1. 在地区内选取党政机关、公共建筑、工业、商业、居民 5 类典型场景，分别计算其与分布式光伏出力的耦合情况，并进行耦合特性比较。

2. 在地区内选取党政机关、公共建筑、工业、商业、居民 5 类典型场景，按照第二节所述方法分别测算分布式光伏集中汇流接入和低压分散接入两种模式下的储能配置收益率。

3. 结合第三节内容，考虑分布式光伏进行地区用电负荷预测。

第四章　分布式光伏接入配电网典型方案

掌握分布式光伏接入配电网的典型方案，能够依据接入容量、接入电压等级、适用范围等合理选择接入方案。

第一节　分布式光伏典型接网方案汇总

为指导分布式光伏友好接网，本章按照安全性、灵活性、经济性原则，提出2大类（交流、直流）4层级（220V 交流、380V 交流、10kV 交流、±375V 直流）10 种典型接网方案，规范分布式光伏接入。不同场景下适用的典型接网方案可依据交/直流原则、电压等级、接入容量、运营模式（使用场景）综合考虑选取，分布式光伏场景划分及基本情况见表 4-1。

表 4-1　　　　　　　　　分布式光伏场景划分及基本情况

类型	电压等级	运营模式	接入容量	接入点	方案编码	适用场景
交流接入	220V 交流	全额上网	8kW 及以下	公共电网线路计量箱（单相）	GF380/220-T-1	装机容量较小的户用光伏单相交流接入（农村）
		自发自用，余量上网	8kW 及以下	用户侧低压母线或线路（单相）	GF380/220-Z-1	
	380V 交流	全额上网	8～100kW	公共电网线路计量箱（三相）	GF380/220-T-1	适用于居民用户（农村）、党政机关、公共建筑、一般工商业光伏三相交流接入
		全额上网	100～400kW	公共电网配电室、箱式变压器或柱上变压器低压母线	GF380-T-2	
		自发自用，余量上网	400kW 及以下	用户侧低压母线或线路	GF380/220-Z-1	

续表

类型	电压等级	运营模式	接入容量	接入点	方案编码	适用场景
交流接入	380V交流	全额上网/自发自用，余量上网	400kW及以下	与分布式柔性互联装置有电气联系的公共电网配电线路、公共电网配电室、箱式变压器或柱上变压器低压母线、用户配电室、箱式变压器或柱上变压器低压母线、线路（含单相）	GF380（THL）-T/Z	适用于居民用户（农村）、党政机关、公共建筑、一般工商业光伏三相交流接入
	10kV交流	全额上网	3～6MW	公共电网变电站10kV母线	GF10-T-1	大型厂房光伏接入、多个分布式光伏汇流集中接入等
		全额上网	0.4～6MW	专线接入公共电网环网室（箱）、配电室或箱式变压器10kV母线、开关站10kV母线	GF10-T-2	
		全额上网	0.4～3MW	T接公共电网10kV线路	GF10-T-3	
		自发自用，余量上网	0.4～6MW	用户10kV母线	GF10-Z-1	
直流接入	±375V直流	全额上网/自发自用，余量上网	汇集容量100kW及以下，其中单点容量8kW及以下可分散T型接入	直流馈出线路或柔性互联直流线路	GF±375DC（THL）-T/Z-1	应结合各类试点示范项目，或者距离较远交流接入电压不足的情况
		全额上网	100～500kW	柔性互联装置直流母线	GF±375DC（THL）-T-2	

第二节　380/220V 交流接网方案

分布式光伏装机容量不超过 0.4MW，在满足电网安全运行及电能质量要求时，可采用 380/220V 专线接入公共电网方式并网，具体包含以下 4 种典型接网方案。

1．380/220V典型接网方案GF380/220-T-1❶

（1）参考容量。单个并网点容量 8～100kW。装机总容量不超过 8kW，采用 220V 单相接入。

（2）适用范围。适用于 380/220V 全额上网的分布式光伏项目。220V 普遍适

---

❶ GF 代表光伏，T 代表统购统销（全额上网）。

用于装机容量较小的光伏单相交流接入等场景，380V 一般适用于居民用户（农村）光伏三相交流接入等场景。

（3）方案描述。用户侧分布式光伏汇集后逆变，经 1 回线路接入公共电网 380/220V 线路处计量箱。GF380/220-T-1 方案一次系统接线示意图如图 4-1 所示。

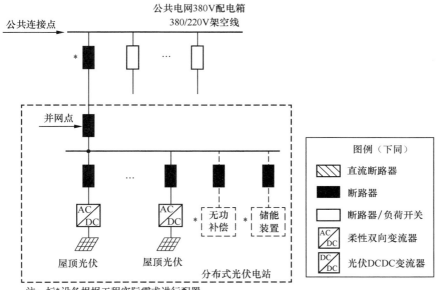

图 4-1　GF380/220-T-1 方案一次系统接线示意图

2．380V 典型接网方案 GF380-T-2

（1）参考容量。单个并网点参考容量 100～400kW。

（2）适用范围。适用于 380V 全额上网的分布式光伏项目，一般适用于居民用户（农村）光伏三相交流接入等场景。

（3）方案描述。用户侧分布式光伏汇集后逆变，经 1 回线路接入公共电网配电室、箱式变压器或柱上变压器 380V 母线。GF380-T-2 方案一次系统接线示意图如图 4-2 所示。

3．380/220V 典型接网方案 GF380/220-Z-1❶

（1）参考容量。单个并网点总容量不超过 400kW，装机总容量不超过 8kW，采用 220V 单相接入。

---

❶ Z 代表自发自用、余量上网。

（2）适用范围。适用于 380/220V 自发自用/余量上网（接入用户电网）的分布式光伏项目，一般适用于党政机关、公共建筑、一般工商业分布式光伏三相交流接入等场景。

（3）方案描述。用户侧分布式光伏汇集后逆变，经 1 回线路接入用户侧。GF380/220-Z-1 方案一次系统接线示意图如图 4-3 所示。

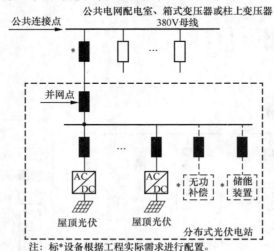

注：标*设备根据工程实际需求进行配置。

图 4-2　GF380-T-2 方案一次系统接线示意图

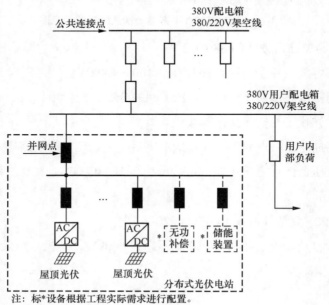

注：标*设备根据工程实际需求进行配置。

图 4-3　GF380/220-Z-1 方案一次系统接线示意图

74

4．基于柔性互联装置的光伏交流并网方式［GF380（THL）-T/Z］

（1）参考容量。装机总容量不大于 400kW 的分布式光伏。

（2）适用范围。适用于采用交流并网方式的分散/集中接入、分散/集中计量、余电/全部上网的分布式光伏项目，各台区柔性互联装置的直流接线距离不超过1000m❶。

（3）方案描述。参照分布式光伏电源接入公用 380/220V 线路的方案。GF380（THL）-T/Z 方案一次系统接线示意图如图 4-4 所示。

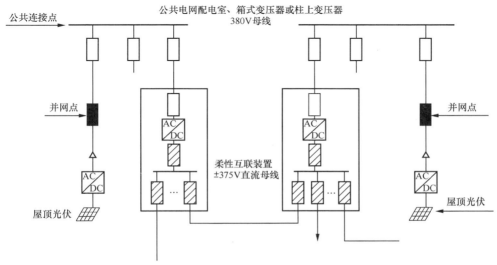

图 4-4　GF380（THL）-T/Z 方案一次系统接线示意图

第三节　10kV 交流接网方案

分布式光伏装机容量为 0.4～6MW，在满足电网安全运行及电能质量要求时，可采用 10kV 专线接入公共电网或 T 接于公用线路方式并网，具体包含以下 4 种典型接网方案。

---

❶ 根据《配电网规划设计》（中国电力出版社）规定，120、150、185mm² 截面积 380V 架空线单位电阻 R_{line} 分别为 0.275、0.225、0.183Ω/km，允许载流量 I_{dc} 分别为 330、387、441A，直流线路长度计算公式 $L=(\triangle U \times U)/(I_{dc} \times 0.5 R_{line})$，各类电力电子变换设备可以满足±10%输入电压变化（《直流配电电压等级及负荷距分析》，电力建设，2017），此时线路长度分别为 826、861、930m，考虑实际应用的通用性，取 1000m 较为合适。

1．10kV典型接网方案GF10-T-1

（1）参考容量。单个并网点容量3～6MW。

（2）适用范围。适用于10kV全额上网的分布式光伏项目，适用于大型厂房光伏接入、多个分布式光伏汇流集中接入等场景。

（3）方案描述。由用户侧分布式光伏电站经1回线路接入公共电网变电站10kV母线。光伏电站主接线采用线路—变压器组接线或单母线接线，站内配置站用变压器，必要时配置动态无功补偿装置。GF10-T-1方案一次系统接线示意图如图4-5所示。

（4）一次设备配置。公共电网变电站需配置10kV开关柜及送出线路（架空或电缆）。

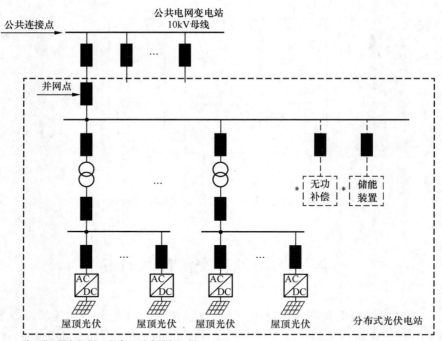

注：标*设备根据工程实际需求进行配置。

图4-5　GF10-T-1方案一次系统接线示意图

2．10kV典型接网方案GF10-T-2

（1）参考容量。单个并网点容量0.4～6MW。

（2）适用范围。适用于 10kV 全额上网的分布式光伏项目，适用于大型厂房光伏接入、多个分布式光伏汇流集中接入等场景。

（3）方案描述。由用户侧分布式光伏电站经 1 回线路接入公共电网环网室（箱）、配电箱或箱式变压器 10kV 母线。光伏电站主接线采用线路—变压器组接线或单母线接线，站内配置站用变压器，必要时配置动态无功补偿装置。GF10-T-2 方案一次系统接线示意图如图 4-6、图 4-7 所示。

（4）一次设备配置：公共电网变电站需配置 10kV 开关柜及送出线路（架空或电缆）。

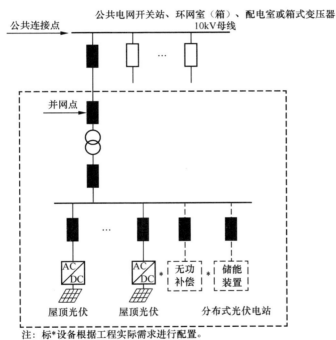

注：标*设备根据工程实际需求进行配置。

图 4-6　GF10-T-2 方案一次系统接线示意图（方案一）

3．T接10kV线路典型接网方案GF10-T-3

（1）参考容量。单个并网点容量 0.4～3MW。

（2）适用范围。适用于 10kV 全额上网的分布式光伏项目，适用于大型厂房光伏接入、多个分布式光伏汇流集中接入等场景。

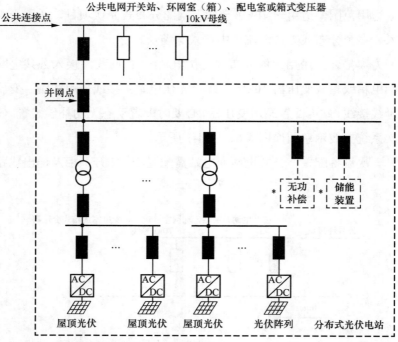

注：标*设备根据工程实际需求进行配置。

图 4-7　GF10-T-2 方案一次系统接线示意图（方案二）

（3）方案描述。由用户侧分布式光伏电站经 1 回线路 T 接公共电网 10kV 线路。光伏电站主接线采用线路—变压器组接线或单母线接线，站内配置站用变压器，必要时配置动态无功补偿装置。GF10-T-3 方案一次系统接线示意图如图 4-8、图 4-9 所示。

（4）一次设备配置：公共电网变电站需配置 10kV 开关柜及送出线路（架空或电缆）。

4．接入用户 10kV 典型接网方案 GF10-Z-1

（1）参考容量。单个并网点参考容量 0.4～6MW。

（2）适用范围。适用于 10kV 自发自用，余量上网（接入用户电网）的分布式光伏项目。

（3）方案描述。由用户侧分布式光伏电站经 1 回线路接入用户 10kV 母线。光伏电站主接线采用线路—变压器组接线或单母线接线，必要时配置动态无功补偿装置。GF10-Z-1 方案一次系统接线示意图如图 4-10 所示。

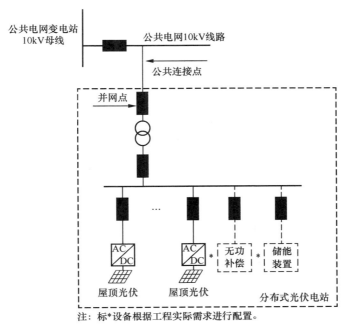

图 4-8 GF10-T-3 方案一次系统接线示意图（方案一）

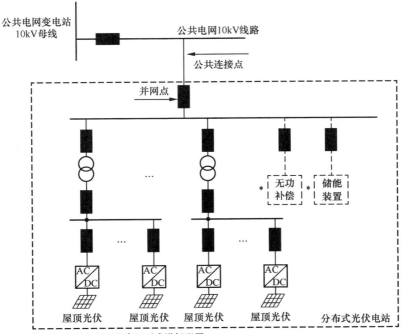

图 4-9 GF10-T-3 方案一次系统接线示意图（方案二）

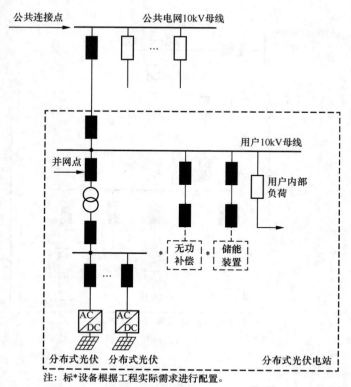

注：标*设备根据工程实际需求进行配置。

图 4-10　GF10-Z-1 方案一次系统接线示意图

第四节　±375V 直流接网方案

　　±375V 直流接网适用于应结合各类试点示范项目，或者距离较远交流接入电压不足的情况，装机容量不超过 0.5MW❶，具体包含 2 种典型接网方案。

　　1. 基于柔性互联装置的光伏直流并网方式[GF±375DC（THL）-T/Z-1]

　　（1）参考容量。装机总容量不大于 100kW 的分布式光伏。

　　（2）适用范围。适用于采用直流并网方式的分散接入、分散计量、余量/全额上网的分布式光伏项目，用于光伏并网后存在台区电压越限等运行风险的场景。各台区柔性互联装置的直流接线距离不超过 1000m，分散式光伏接入点与所连接

---

❶ 根据《配电网规划设计》（中国电力出版社）规定，以 240mm² 低压架空线路为例，交流 380V 最大允许负荷为 371kVA，故交流 380V 建议 400kW 以下电源接入；直流±375V 最大允许负荷为 423kVA，故直流±375V 建议 500kW 以下电源接入。

的台区柔性互联装置直流母线的直流接线距离不超过 1000m。

（3）方案描述。采用多回线路将分布式光伏电源接入与Ⅱ型❶柔性互联装置直流配电柜母线或母线馈出线路相连的 ±375V 直流线路。GF±375DC（THL）-T/Z-1 方案一次系统接线示意图如图 4-11 所示。

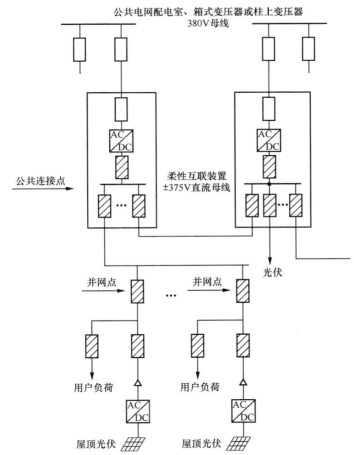

图 4-11　GF±375DC（THL）-T/Z-1 方案一次系统接线示意图

---

❶ （1）Ⅰ型柔性低压直流互联装置：直流侧配置一路或两路出线间隔，采用非隔离型双向变流单元，适用于分布式光伏交流接入条件下，通过台区间互联实现多台区协同消纳场景。
　（2）Ⅱ型柔性低压直流互联装置：直流侧配置两路以上出线间隔，采用隔离型双向变流单元，适用于分布式光伏采用直流方式接入台区而配电台区无直流并网点，或通过不同配电台区互联可实现功率互济匹配，促进分布式光伏就近消纳、提升配电变压器设备利用率两类场景。

分布式光伏规模化接入的配电网规划

2．基于柔性互联装置的光伏直流并网方式[GF±375DC（THL）-T-2]

（1）参考容量。装机总容量 100～500kW 的分布式光伏。

（2）适用范围。适用于采用直流并网方式的集中接入、集中计量、全部上网的分布式光伏项目，用于存在台区电压越限、配电变压器反向重过载等运行风险、互联台区源荷时空特性互补的场景。各台区柔性互联装置的直流接线距离不超过 1000m，接入点与所连接的台区柔性互联装置直流母线的直流接线距离不超过 1000m。

（3）方案描述。采用 1 回线路将分布式光伏电源接入Ⅱ型柔性互联装置±375V 直流母线或直流母线馈出线路。GF±375DC（THL）-T-2 方案一次系统接线示意图如图 4-12 所示。

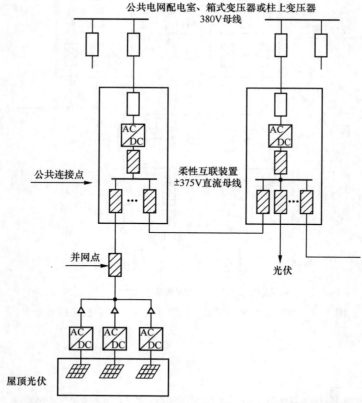

图 4-12　GF±375DC（THL）-T-2 方案一次系统接线示意图

82

思考题

1. 梳理地区分布式光伏接入情况，选取 3～5 个分布式光伏项目分别进行接入方案设计。

第五章　配电网网格化规划

　　掌握配电网网格化规划的工作思路和原则；了解多元负荷及分布式发电（DG）接入对配电网网格化规划的影响；掌握考虑多元负荷和DG的供电网格划分思路及划分方法；掌握考虑多元负荷和DG的供电单元划分思路及划分方法。

第一节　配电网网格化规划概况

一、配电网网格化规划的整体思路

　　配电网涉及的电压等级多、覆盖面广、项目繁杂，直接面向各类用户，受各方面因素影响，其建设需求随机性大、不确定因素多。由于传统规划以供电区域为主要研究对象，建设目标偏于宏观，电网问题不能真实对应到具体设备或项目，因此，电网项目管理无法面面俱到，规划深度难以满足电网实际需求。

　　采用配电网网格化规划，可有效解决上述问题。网格化规划思路是在地区总体规划、控制性详细规划和功能定位的指导下，将配电网供电区域划分为若干功能区，以功能区饱和负荷需求为基础，远景目标网架为导向，结合远景高压配电网布局和现状电网供电情况，将功能区划分为若干供电网格，供电网格进一步细化为供电单元，分层分级开展配电网规划，不断推动配电网规划向精益规划转变、配电网投资向精准投资转变、配电网管理向精细管理转变。配电网网格化的规划流程图如图5-1所示。

二、配电网网格化层级结构及其定义内涵

配电网网格是对城市空间的配电网进行科学合理划分，主要涉及区域定位、空间资源、电网资源、通道资源的分配。空间资源分配主要考虑地理条件、发展程度、用地性质、市政管辖范围、供电所管辖范围等因素；电网资源分配主要考虑存量电网、电源布点、供电分区、网架结构等因素；通道资源分配主要考虑现有通道使用及未来通道需求等因素。各层级网格应遵循"资源统筹、大小有度、界限清晰、就近供电、过渡有序"原则，下面对各层级网格的定义进行介绍。

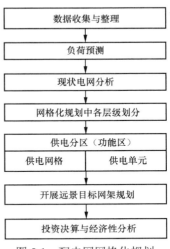

图 5-1　配电网网格化规划的流程

1. 功能区

功能区层面侧重与城市规划衔接，主要结合城市功能片区规划，有利于开展饱和负荷总量预测，便于明确高压配电网变电站布点和网架结构。功能区划分是以市域城市总体规划为基础，结合现状电网供电情况，并充分考虑电网规划与政府片区规划衔接、高压网架相对完整性和运维管理便利性等因素，便于开展饱和负荷预测和高压配电网布局。功能区范围不宜过小，饱和年 110（35）kV 供电为主区域变电站数量不宜少于 4 座。

2. 供电网格

供电网格是开展中压配电网网架规划的基本单元。供电网格的划分主要考虑配电网的建设、运维与调度工作的难易情况，且需要结合负荷的实际空间分布与地理因素。供电网格应相对独立，供电区域类型应统一，且规模应适中，宜包含 2~4 座具有中压出线的上级公用变电站，各变电站之间具有较强的中压联络。供电网格的划分主要侧重变电站层面，通过将规模庞大的规划区域进行细分，达到解耦的目的，进而降低配电网规划的难度，提升规划效率。

3. 供电单元

供电单元是在供电网格基础上的进一步细分，通常为 1~4 组 10kV 馈线互联，并具备 2 个及以上主供电源，是配电网网格化规划中承接供电网格划分与自

动布线的重要环节。在供电单元内,根据地块功能、开发情况、地理条件、负荷分布、现状电网等情况,规划中压网络接线、配电设施布局、用户和分布式电源接入,制定相应的中压配电网建设项目,有助于建设结构清晰、网架坚强的中压配电网。

配电网网格化规划各层级架构示意图如图 5-2 所示。

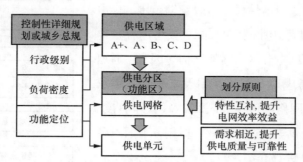

图 5-2 配电网网格化规划各层级架构示意图

三、配电网网格化划分的基本原则

1. 功能区划分原则

根据市政规划,明确规划区内市政片区划分情况,并以此为基础初步划分功能区。不宜跨越分类供电区域,对功能区进行第二级划分,并与市政功能分区划分结果进行校核,如功能区内存在不同类型供电分区,则需遵循区域发展特性相同或相近的原则,调整功能区边界。重点关注功能区内部是否存在明显山川、河流、桥梁等分割情况,结合远景年变电站布点需求,若难以形成独立的接线组供电且负荷规模过小,则对相应功能区进行调整。

2. 供电网格划分原则

供电网格的划分应综合考虑中压配电网建设、运维、检修、调度、营销服务等因素,以利于推进一体化供电服务,且不应破坏目标网架的完整性,即不应存在同一条中压馈线为不同的供电网格进行供电的情况;供电网格内各个地块的发展定位应相同;供电网格内所属的行政区应保持一致,供电网格中负荷对可靠性的要求也应一致;此外,供电网格划分应相对稳定、不重不漏,具有一定的近远期适应性,划分结果应逐步纳入相关业务系统中。在城市电网规划中,可将街区（群）、地块（组）作为供电网格；在乡村电网规划中，可将乡镇作为供电网格。

3．供电单元划分原则

依据供电网格内负荷的特性情况、地理位置等因素，可将供电网格划分成若干个供电单元。同一个供电单元内的负荷由具有联络关系的 10kV 馈线进行供电，10kV 馈线通过联络断路器相连。配电网具有"闭环设计，开环运行"的特点，在正常运行时，联络断路器断开，10kV 馈线各自运行，供电单元内各供电线路仅为本单元内的负荷供电；若其中一条馈线发生故障，联络断路器闭合，进行转供操作，由非故障馈线对故障馈线进行供电，保证供电可靠性。在划分供电单元时，应综合考虑供电单元内各类负荷的互补特性，兼顾分布式电源发展的需求，提高设备利用率。此外，供电单元划分应相对稳定、不重不漏，具有一定的近远期适应性，划分结果也应逐步纳入相关业务系统中。

第二节　多元负荷及 DG 接入对配电网网格化规划的影响

多元负荷及分布式发电（DG）接入对配电网网格化规划的影响包括网格划分和设备规划选型两方面。随着未来负荷多元化和规模化 DG 接入，若以传统规划方案建设变电站，将导致变电站供区发生变化，从而改变网格划分结果；若网格划分结果不变，则多元负荷及 DG 接入将导致网格内网供负荷的变化，从而影响主变压器容量及设备选型。

一、多元负荷及 DG 接入对配电网网格划分的影响

1．配电网网格划分的影响因素

配电网网格划分会受到网供负荷特性、供电可靠性、负荷地理位置等因素影响，具体分析如下。

（1）网供负荷特性。网供负荷特性与供电区域内的负荷密度、负荷峰谷差、负荷匹配程度等特征密切相关，是网格化划分的重要影响因素。对于供电网格划分，受到网供负荷需求的影响，其划分结果应保证变电站供电半径满足相应的行业标准要求；对于供电单元划分，应充分考虑不同类型负荷时序特性的差异性和

互补性，提升配电网设备利用率，保证配电网网格划分结果达到综合最优。

（2）供电可靠性。供电可靠性与"$N-x$"准则密切相关，是网格划分的重要影响因素。对于供电网格划分，不同的供电可靠性要求将影响网格内部变电站座数及站内主变压器台数，进而影响供电网格划分结果；对于供电单元划分，不同的可靠性要求将影响各馈线需要满足的最大负载率约束，进而影响供电单元划分结果。

（3）负荷地理位置。负荷地理位置与区域负荷密度、负荷峰谷差等特征密切相关，是网格划分的重要影响因素。对于供电网格划分，负荷地理位置将决定变电站所在区域的负荷密度，从而影响供电网格划分结果；对于供电单元划分，负荷地理位置将决定该负荷到每条馈线的欧式距离，进而影响该负荷到馈线的加权距离，从而影响供电单元划分结果。

2．DG接入对配电网网格划分的影响

与传统配电网网格划分方法相比，DG接入不同的地理位置将影响不同地区的网供负荷特性，进而影响网格划分结果。

随着DG接入容量的增加，网供负荷会先降低后升高。当DG接入容量相对较少，小于该地区负荷水平，DG接入后可以就地消纳，网供负荷降低；当DG接入容量增加到一定程度时，接入DG与该地区负荷就地平衡，网供负荷降至最低；进一步增加DG接入容量，DG无法实现就地平衡，该地区负荷水平将由下网负荷转变为上网负荷，并持续升高。对于供电网格划分，其所在区域的整体负荷密度降低，变电站等效供电半径变化，进而影响供电网格划分结果；对于供电单元划分，网供负荷降低将影响净负荷的大小，进而影响供电单元转供线路最大负载率约束和馈线负载率约束。此外，用户侧DG接入通常与传统负荷点相对应，用户的投资意愿不同直接导致DG接入位置存在差异。当DG接入有利于改善供电单元负荷峰谷差时，供电单元划分峰谷差率加权因子变小；当DG接入净负荷大小方差减小时，供电单元净负荷波动度加权因子变小。净负荷量、加权因子的变化和DG接入位置的差异都将影响各个负荷点到馈线的加权距离，从而影响每条馈线的供电范围，进而影响供电单元划分结果。

3．多元负荷接入对配电网网格划分的影响

与传统配电网网格划分方法相比，多元负荷接入将影响网供负荷特性和负荷地理位置，进而影响网格划分结果。

电动汽车（慢充）、用户侧储能等多元负荷接入将对传统负荷时序特性曲线产生影响，结合多元负荷用能需求模型可以得出其特性曲线，进而与传统负荷特性曲线叠加得到新的网供负荷特性，从而影响网格划分结果。此外，多元负荷接入将影响所在区域整体负荷密度，从而对变电站供电范围划分结果产生影响，进而影响供电网格划分结果。对于供电单元划分，若网供负荷降低，则峰值降低，供电单元划分峰谷差率加权因子减小，加权距离也随之变小，这可能改变该负荷点所属的供电单元。同时，不同多元负荷接入位置也将影响配电线路所供给负荷范围的划分结果，进而影响供电单元划分结果。

二、多元负荷及 DG 接入对设备规划选型的影响

1. 配电网设备规划选型的影响因素

配电网设备规划会受到网供负荷特性和负荷地理位置的影响。具体而言，网供负荷特性变化将直接影响电力平衡结果，从而影响变压器容量和线路容量，进而影响配电网变压器和线路的型号选择。负荷地理位置将影响其所在区域的负荷密度，从而影响变电站供电范围，进而影响变电站站址选择。此外，因为馈线必须经过负荷地理位置中心，所以负荷位置将影响线路布局。

2. DG接入对配电网设备规划选型的影响

与传统配电网网格规划方法相比，DG 接入将影响网供负荷特性和负荷地理位置，进而影响配电网设备选型和线路布局。

DG 作为一种配电网的能量供给源，不同的接入容量对应着不同的 DG 出力水平。DG 接入不同电压等级，其出力数值将对不同电压等级的网供负荷产生影响，也将导致不同电压等级电力平衡结果的变化。当接入 10kV 电压等级时，DG 接入容量直接影响 10kV 及其上级的电力平衡结果，进而影响 10kV 线路和 110（35）kV 主变压器的型号选择；当接入 380V 电压等级时，DG 接入容量直接影响 380V 及其上级的电力平衡结果，进而影响 110（35）kV 主变压器、10kV 配电变压器、380V 线路及其上级线路的型号选择。

与此同时，从某种意义上来说，DG 可以等效成一种特殊的"负荷"，其接入将影响所在区域的负荷密度及该位置的网供负荷特性，从而影响变电站供电范围和变电站站址选择。此外，由于配电线路必须经过各负荷点所在的地理位置，因

此，DG 接入位置也将影响配电线路布局方案。

3．多元负荷接入对配电网设备规划选型的影响

与传统配电网网格化规划方法相比，多元负荷接入将影响网供负荷特性和负荷地理位置，进而影响配电网设备选型和线路布局。

电动汽车（慢充）、用户侧储能等多元负荷的差异化供电可靠性需求将影响多元负荷的时序特性曲线，进而影响与常规负荷叠加得到的网供负荷大小。网供负荷大小将直接影响电力平衡结果，进而影响配电网线路和变压器的型号选择。具体而言，多元负荷具有较强的负荷平移特性，通过科学的电价引导，可以改变多元负荷的用能行为。此时，配电网的负荷峰值能够降低，网供负荷峰谷差变小，需求降低。因此，设备选型时，若考虑多元负荷接入的影响，可以降低线路和变压器的容量规划需求，提高设备利用效率并减少投资成本。

不同多元负荷接入位置将影响其所在区域的负荷密度，从而对变电站供电范围和站址选择产生影响。此外，由于配电线路必须过负荷地理位置中心，因此，多元负荷接入位置也将对配电网线路布局产生影响。

第三节　考虑多元负荷及 DG 出力不确定性的供电网格划分

本节阐述考虑多元负荷及 DG 出力不确定性的供电网格划分方法。首先考虑多元负荷接入及 DG 接入的供电网格划分差异性分析，其次说明考虑多元负荷及 DG 出力不确定性的供电网格划分模型，简述供电网格划分模型求解的整体思路，给出供电网格划分模型求解的具体方法，主要包括 DG 出力不确定性处理方法、考虑多元负荷及 DG 出力的净负荷量计算方法和基于 k-means 聚类算法的供电网格划分方法。

一、考虑多元负荷及 DG 出力不确定性的供电网格划分模型

本节介绍的供电网格划分模型，是在已知供电区域现状或远景规划的变电站的位置、座数和容量等数据的基础上，应用 k-means 聚类算法，结合变电站的等效圆形供电模型把供电网格划分问题由平面点划分转化为面积域的划分问题，同时定义相应指标，并以此为评价标准，将变电站划分至最合适的供电网格中，形

成一系列由小规模数量的变电站组成的供电网格集合。BWP 指标为供电网格中变电站类间类内划分指标，β 指标为供电网格划分均衡性水平指标，其与供电网格划分结果密切相关。具体目标函数如下

$$BWP = \frac{bsw(i,j)}{baw(i,j)} = \frac{b(i,j) - w(i,j)}{b(i,j) + w(i,j)}$$

$$= \frac{\min\limits_{1 \le l \le c, l \ne i}\left[\dfrac{1}{n_l}\sum\limits_{p=1}^{n_l}D(x_p^{(l)}, x_j^{(i)})\right] - \dfrac{1}{n_i - 1}\sum\limits_{q=1,q\ne j}^{n_i}D'(x_q^{(i)}, x_j^{i})}{\min\limits_{1 \le l \le c, l \ne i}\left[\dfrac{1}{n_l}\sum\limits_{p=1}^{n_l}D(x_p^{(l)}, x_j^{(i)})\right] + \dfrac{1}{n_i - 1}\sum\limits_{q=1,q\ne j}^{n_i}D'(x_q^{(i)}, x_j^{i})} \qquad (5\text{-}1)$$

$$\beta(k) = \sqrt{\frac{1}{k}\sum_{i=1}^{k}\left(n_i - \frac{n}{k}\right)^2} \qquad (5\text{-}2)$$

式中：$bsw(i, j)$ 为第 i 个供电网格中的第 j 座变电站的聚类离差界间距，即该变电站最小网格间界间距 $b(i, j)$ 与网格内界间距 $w(i, j)$ 之差；$baw(i, j)$ 为第 i 个供电网格中的第 j 座变电站的聚类界间距，即该变电站最小网格间界间距 $b(i, j)$ 与网格内界间距 $w(i, j)$ 之和；$D'(x_q^{(l)}, x_j^{(i)})$ 为折算后的非负变电站界间距；k 为供电网格的数量；n_i 为第 i 个供电网格中变电站的数目。

二、供电网格划分模型求解的整体思路

求解供电网格划分模型，首先，采用多场景法处理 DG 出力不确定性；然后，计算考虑多元负荷及 DG 出力的供电网格内净负荷量；最后，基于得到的净负荷量，进行基于 k-means 聚类方法的供电网格划分。

1. DG 出力不确定性处理方法

通过收集全场景下的 DG 每时刻的出力并采用 k-means 聚类方法对其进行处理，最终得到 DG 每时刻的典型出力及其出现概率，同时，考虑 DG 接入的用户侧负荷特性，得到用户侧负荷的净负荷场景，根据式（5-3）场景建模，得到供电网格内每个时刻所有场景的分布。

$$A = \frac{1}{N}\sum_{l=1}^{N}\tau \qquad (5\text{-}3)$$

式中：A 为每个时刻所有场景的分布；N 为场景的数量；τ 为每个时刻在每个场

景净负荷数值。

2．考虑多元负荷及DG出力的净负荷量计算方法

根据上一步得到考虑 DG 出力的净负荷特性，考虑电价对多元负荷用电特性的影响，修正得到新的负荷特性曲线。然后对负荷特性曲线取均值，得到考虑多元负荷及 DG 出力的净负荷量。

3．基于k-means聚类算法的供电网格划分方法

首先，根据上一步得到的净负荷量等效变电站圆形供电半径；然后，确定网格数量的搜索范围，在已知划分数量的基础上利用 k-means 聚类算法划分供电网格。

4．判断最优方案

基于以上分析得到的供电网格划分方案，首先，根据平均 BWP 指标的比较结果选取较好的几种网格划分方案；然后，计算选取的网格划分方案各自的供电网格划分均衡性水平指标 β，确定供电网格划分的最佳数量。

三、供电网格划分模型求解的具体方法

在已知供电区域现状或远景规划的变电站的位置、座数和容量等数据的基础上，应用 k-means 聚类算法，结合变电站的等效圆形供电模型把供电网格划分问题由平面点划分转化为面积域的划分问题，同时定义相应的指标，并以此为评价的标准，将变电站划分至最合适的供电网格中，形成一系列由小规模数量的变电站组成的供电网格集合。

1．DG出力不确定性处理方法

DG 出力的不确定性会对承载能力评估结果产生影响，从而使得不确定性成为分布式电源承载能力评估不得不考虑的一个重要因素。

场景分析法是一种常用的处理不确定性问题的有效方法，其实质是将随机性问题离散化，离散成多个场景，从而将全场景下不确定的数学问题转化成单个场景下确定的数学问题进行求解，避免了建立复杂的难以求解的随机数学模型。然而这样存在数据规模大、计算时间长等问题。

在研究中，如果需要处理的数据规模较大，多采用数据聚类的方法。数据聚类用于给定数据集的分组，根据数据的内在性和数据间的相关性将规模较大的数据集划分为规模小的、较容易处理的小数据集，通常情况下将其称为"类"。在

同一个类中的对象相似性极大，不同类中的对象相似性极小。

本书采用 k-means 算法对数据进行处理。k-means 聚类是划分方法的一种，它是典型的基于距离的聚类方法。k-means 聚类将欧氏距离作为相似度评价准则，认为同一个集群中各对象间的距离尽可能小，不同集群对象间的距离尽可能大。

记样本数据集 $D = \{X_1, X_2, \cdots, X_n\}$，$n$ 代表样本的数量，第 i 个样本 $X_i = \{x_{i1}, x_{i2}, \cdots, x_{ip}\}$，$p$ 表征样本的属性数量或是指标种类，k 表示聚类的数量。k-means 聚类中，任意两个样本 X_i 与 X_f 之间的欧几里得距离形式如下

$$d_{if} = \sqrt{\sum_{k=1}^{p} \left(x_{ik} - x_{fk} \right)^2} \tag{5-4}$$

聚类之初，随机选择 k 个样本作为初始聚类中心；其次，根据式（5-4）将非聚类中心样本归类到与其距离最短的聚类中心 h 所代表的种类 C_h 中；然后，由式（5-5）更新聚类中心。

$$m_h = \sum_{\phi(X_i) \in C_h} \frac{\phi(X_i)}{|C_h|} \tag{5-5}$$

式中：$\phi(X_i)$ 为第 h 个种类 C_h 中包含的样本；$|C_h|$ 为第 h 个种类 C_h 中包含的样本的个数；m_h 为第 h 个种类 C_h 中样本的均值。

k-means 聚类的目标是最小化的平方误差准则函数，形式如下

$$\min J = \sum_{h=1}^{K} \sum_{\phi(X_i) \in C_k} \left\| \phi(X_i) - m_h \right\|^2 \tag{5-6}$$

通过式（5-5）不断地更新聚类中心 m_h 以及各种类中包含的样本 $\phi(X_i)$，直到平方误差准则函数值不再发生变化或是达到了设置的迭代次数。

迭代结束后，读取此时的聚类中心 m_h 即为所需的典型样本，$\phi(X_i)$ 即为各典型样本所对应的类。

因此，本项目采用多场景法对 DG 出力不确定性进行处理。通过收集全场景下的 DG 每时刻的出力并采用 k-means 聚类方法对其进行处理，最终得到 DG 每时刻的典型出力及其出现概率。同时，结合 DG 接入位置的用户侧负荷特性，得到用户侧负荷的净负荷场景，根据式（5-3）场景建模，得到供电网格内每个时刻用户侧净负荷所有场景的分布。

2. 考虑多元负荷及DG出力的净负荷量计算方法

根据上一步得到考虑 DG 出力的净负荷特性，考虑价格信号对多元负荷用电特性的影响，修正得到新的负荷特性曲线。然后对负荷特性曲线取均值，得到考虑多元负荷及 DG 出力的净负荷量，具体如下

$$\bar{\mu}(t) = \frac{1}{N}\sum_{i=1}^{N}\mu_i(t) \tag{5-7}$$

式中：$\bar{\mu}(t)$ 为净负荷时序出力均值；N 为场景的数量；$\mu_i(t)$ 为第 i 个场景的净负荷时序出力。

3. 计算变电站等效圆形供电半径和变电站界间距

（1）计算变电站等效圆形供电半径。变电站供电半径是指从电源点开始到其最远供电的负荷点之间的线路距离，供电半径指的是供电线路的实际距离。本书将变电站供电范围近似等效为圆，认为变电站供电半径指的就是等效圆形供电范围的半径，称为等效圆形供电半径。

考虑实际情况，变电站供电范围内的负荷密度通常为不均匀分布的状况，因此需分析供电范围内负荷密度不均匀的变电站等效圆形供电半径计算方法。

首先重点分析变电站等效圆形供电范围被分为三部分的情况，再推广到被分为更多部分的情况。变电站圆形等效供电范围内包含多种负荷密度，其示意图如图 5-3 所示，由图可知，圆形等效供电范围的各部分其实都是圆弧和弦包围的部分（如图中圆弧 AB 和弦 $\overline{AB}$ 包围的部分）或两条边界和圆弧包围的部分（如图中边界 $\overline{PB}$、$\overline{PC}$ 和圆弧 BC 包围的部分）。

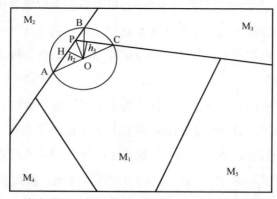

图 5-3　变电站圆形等效供电范围内包含多种负荷密度示意图

1）对于圆弧和弦包围部分的面积，以边界 $\overline{AB}$ 和圆弧 AB 包围的部分举例说明面积计算方法。整理数据可得

$$
\begin{cases}
\cos\beta = \dfrac{h_2}{r'} \\[2mm]
S_2 = \beta(r')^2 - \dfrac{1}{2}(r')^2 \sin 2\beta
\end{cases}
\tag{5-8}
$$

式中：β 为 $\angle OAH$ 的弧度值；h_2 为线段 $\overline{OH}$ 的长度；r' 为变电站等效圆形供电范围的计算半径；S_2 为边界 $\overline{AB}$ 和圆弧 AB 包围的部分面积。

2）对于两条边界和圆弧包围部分面积，以边界 $\overline{PB}$、$\overline{PC}$ 和圆弧 BC 包围的部分举例说明面积计算方法。

由图 5-3 可知，一条边界与圆形供电范围的交点为 A、B，另一条边界与圆形供电范围的交点为 C，边界的交点为 P。经过基础数据整理，已知的数据量有 $\overline{OP}$（变电站位置到边界交点的距离，记为 d），$\overline{OC}$、$\overline{OB}$（变电站等效圆形供电范围的计算半径 r'），h_3，$\angle BPC$ 的弧度值（边界线的夹角，记为 θ），则有

$$
\begin{cases}
\theta_1 = \arcsin\left(\dfrac{h_3}{d}\right) \\[2mm]
\cos(\theta_1 + \theta) = \dfrac{d_1^2 + d^2 - (r')^2}{2dd_1} \\[2mm]
\cos\theta_1 = \dfrac{d_2^2 + d^2 - (r')^2}{2dd_2}
\end{cases}
\tag{5-9}
$$

式中：θ_1 为 $\angle OPC$ 的弧度值；d_1、d_2 分别为线段 $\overline{PB}$、$\overline{PC}$ 的长度。

三角形面积 $S_{\triangle OPB}$、$S_{\triangle OPC}$ 和扇形面积 $S_{\triangle OBC}$ 的计算公式如下

$$
\begin{aligned}
S_{\triangle OPB} &= \frac{1}{2}dd_1 \sin(\theta_1 + \theta) \\[2mm]
S_{\triangle OPC} &= \frac{1}{2}dd_2 \sin\theta_1 \\[2mm]
S_{\triangle OBC} &= \frac{1}{2}\theta_2 (r')^2
\end{aligned}
\tag{5-10}
$$

式中：θ_1 为 $\angle OPC$ 的弧度值；d_1、d 分别为线段 $\overline{PB}$、$\overline{PC}$ 的长度；θ_2 为 $\angle POC$ 和 $\angle POB$ 之差的弧度值，$\angle POC$ 和 $\angle POB$ 分别可在 $\triangle POC$ 和 $\triangle POB$ 中求得。

因此，边界 $\overline{PB}$、$\overline{PC}$ 和圆弧 BC 包围部分的面积 S_3 表示为

$$S_3 = S_{\Delta OPB} + S_{\Delta OBC} - S_{\Delta OPC} \tag{5-11}$$

分别计算不同负荷密度的面积，在变电站圆形等效供电范围内各种负荷密度的分块所占的面积求解的基础上，得出变电站等效圆形供电范围半径的近似解的表达式为

$$r = r'$$
$$\text{s.t.} \left| Q_{\text{supply}} - \sum_{i=1}^{j} M_i S_i(r') \right| \leqslant \delta \tag{5-12}$$

式中：Q_{supply} 为变电站所供负荷值；j 为变电站等效圆形供电范围内包含负荷密度的类数；M_i 为 i 类负荷密度的数值；$S_i(r')$ 为第 i 类负荷密度的分块在变电站等效圆形供电范围内的面积，为 r' 的函数；δ 为允许误差值。

（2）计算变电站界间距。供电网格划分的目的是便于各网格内变电站间联络结构的优化规划，而变电站间是否互联与变电站间的地理距离和变电站各自的供电范围有紧密的联系。同时，变电站圆形等效供电范围的计算可以确定变电站界间距的数值，为变电站间互联与否的判断提供参考依据。

变电站界间距是指在假定两座变电站供电范围为圆形的前提下，其圆形供电范围的近侧圆弧之间相离程度的大小。设平面上两座变电站的编号为 i、j，其坐标分别为 (x_i, y_i)、(x_j, y_j)，等效圆形供电半径分别为 r_i、r_j，则两者之间的欧氏（地理）距离 $d(i,j)$ 和界间距 $D(i,j)$ 间的关系如下

$$D(i,j) = d(i,j) - r_i - r_j = \sqrt{(x_i - x_j)^2 + (y_i - y_j)^2} - r_i - r_j \tag{5-13}$$

由式（5-13）可知，界间距 $D(i,j)$ 的取值有三种类型，即 $D(i,j)>0$、$D(i,j)=0$、$D(i,j)<0$。不同取值情况下对应的变电站界间距也会有所不同，不同取值情况下的变电站界间距示意图如图 5-4 所示。

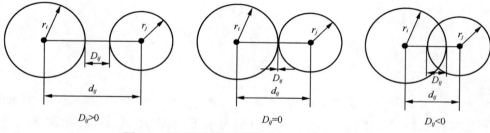

图 5-4　不同取值情况下的变电站界间距示意图

$D(i,j)>0$ 表示两座变电站的圆形供电范围没有交集，说明两座变电站不存在共同带负荷的情况，$D(i,j)$越大，两座变电站建立联络的可能性越小；$D(i,j)\leqslant0$表示两座变电站的圆形供电范围有交集，说明两座变电站可能存在共同带负荷的情况，$D(i,j)$越小，两座变电站建立联络的可能性越大。

同样，在变电站界间距定义的基础上，本书还定义了变电站和点之间的距离为点边距，计算方式如下

$$D(i,z) = \sqrt{(x_i - x_z)^2 + (y_i - y_z)^2} - r_i \qquad (5\text{-}14)$$

式中：(x_i, y_i)和(x_z, y_z)分别为变电站和点的坐标；r_i为变电站等效供电半径。

4. 基于k-means聚类算法的供电网格划分方法

（1）步骤 1：确定网格数量的搜索范围$[k_{min}, k_{max}]$。供电网格需要划分，则至少应分为 2 个网格，因此网格划分数量的左阈值 k_{min} 取 2。同时本书选取 3 座变电站互联为供电网格内变电站的平均情况，因此供电网格划分数量的右阈值 k_{max} 取 int($n/3$)，其中 n 为整个供电区域变电站的总数，int( )表示取整。

（2）步骤 2：令 $k=k_{min}$，在已知供电网格划分数量 k 的基础上，基于 k-means 聚类算法开展供电网格划分。首先生成一组供电网格初始聚类中心的位置集合，每个变电站都可以用二维平面上的一个点(x, y)表示。结合变电站的实际地理位置，以变电站界间距的计算结果为依据，筛选出最可能存在于同一分块内的变电站，以其界间距的中心点作为网格聚类中心的初始位置,迭代过程中利用每次迭代各供电网格中变电站的不同，在初始位置的基础上搜索，找到最终合理的位置值。

1）将供电区域内的变电站编号为 1，2，…，n，计算任意两座变电站间的界间距，记为 $D(i,j)$，并计算所有界间距的平均值 $mean$，其表示如下

$$mean = \frac{\sum\limits_{i=1}^{n}\sum\limits_{j=1}^{n}D(i,j)}{A_n^2}(i \neq j) \qquad (5\text{-}15)$$

式中：A_n^2 为从 n 个不同变电站中取出 2 个变电站的所有可能的排列组合数目。

2）对所有界间距依据由小到大的顺序进行排序，存入向量 D 中，将最小的界间距对应的中心点作为第一个初始聚类中心，其坐标计算方法如下：

$$z = center(x_{i,j}, y_{i,j})$$

$$= \frac{x_i + x_j + (x_j - x_i)(r_i - r_j)/d_{i,j}}{2}, \frac{y_i + y_j + (y_j - y_i)(r_i - r_j)/d_{i,j}}{2} \quad (5\text{-}16)$$

式中：$center(x_{i,j}, y_{i,j})$ 为变电站 i 和变电站 j 的界间距的中心点坐标。

3）计算出变电站次小界间距所对应的中心点坐标，同时算出其与先前已确定的初始聚类中心的距离，并将该距离与界间距的平均值 $mean$ 进行比较，若它与先前已有初始聚类中心的聚类均大于等于 $mean$，则将该界间距对应的中心点作为下一个初始聚类中心；否则，重复此过程。

4）若初始聚类中心的个数没有达到 k，而所有界间距却又全部经过判断时，则动态缩小界间距的平均值，并清空 3）中寻找到的初始聚类中心，重复 3）。

5）当初始聚类中心的个数达到 k 时，则认为初始聚类中心完全形成，待迭代后求得最终的聚类结果。以空间中 k 个点为中心进行聚类，通过迭代的方法，逐次更新各聚类中心的值，直至得到最优的聚类结果。该算法迭代的终止条件是直至中心点收敛。因此，$k\text{-means}$ 算法需要优化的目标函数为

$$J_{k\text{-means}} = \sum_{k=1, \forall z_p \in C_k}^{K} d^2(z_p, m_k) \quad (5\text{-}17)$$

式中：$d^2(z_p, m_k)$ 为数据点到聚类中心的距离平方。

6）计算当前 k 值下的平均 BWP 指标，具体计算见式（5-1）。

式（5-1）中，第 i 个供电网格中的第 j 座变电站的最小网格间界间距 $b(i, j)$ 为该变电站到其他每个供电网格中变电站平均界间距的最小值，计算如下

$$b(i, j) = \min_{1 \leq l \leq c, l \neq i} \left(\frac{1}{n_l} \sum_{p=1}^{n_l} D(x_p^{(l)}, x_j^{(i)}) \right) \quad (5\text{-}18)$$

第 i 个供电网格中的第 j 座变电站的网格内界间距 $w(i, j)$ 为该变电站到第 i 个网格中其他所有变电站界间距折算值的平均值，计算如下

$$w(i, j) = \frac{1}{n_i - 1} \sum_{q=1, q \neq j}^{n_i} D'(x_q^{(i)}, x_j^{(i)}) \quad (5\text{-}19)$$

需要指出的是，根据变电站界间距的定义和计算方法，供电网格内的变电站

界间距计算值有正有负，为了提高供电网格划分的有效性，在计算网格内界间距 $w(i,j)$ 时需要引入折算因子 ε 将变电站界间距折算成非负值，计算如下

$$D'(x_q^{(i)}, x_j^{(i)}) = \varepsilon * \left| D(x_q^{(i)}, x_j^{(i)}) \right|$$

$$\varepsilon = \begin{cases} 1, & D(x_q^{(i)}, x_j^{(i)}) \geqslant 0 \\ \dfrac{r_q^{(i)} + r_j^{(i)} - \left| D(x_q^{(i)}, x_j^{(i)}) \right|}{r_q^{(i)} + r_j^{(i)} + \left| D(x_q^{(i)}, x_j^{(i)}) \right|}, & D(x_q^{(i)}, x_j^{(i)}) < 0 \end{cases} \tag{5-20}$$

式中：$D'(x_q^{(i)}, x_j^{(i)})$ 为折算后的非负变电站界间距；$r_j^{(i)}$ 和 $r_q^{(i)}$ 分别为第 i 个供电网格中第 j 座变电站和第 q 座变电站的圆形等效供电半径。

（3）步骤 3：令 $k=k+1$，若 k 不超过右阈值 $k_{\max}$，则重复步骤 2，否则跳到步骤 4。

（4）步骤 4：根据平均 BWP 指标的比较结果选取较好的几种网格划分方案。

（5）步骤 5：针对步骤 4 选取的网格划分方案，分别计算供电网格划分均衡性水平指标 β，在此基础上确定供电网格划分的最佳数量。均衡性水平指标 β 的计算公式如下

$$\beta(k) = \sqrt{\frac{1}{k} \sum_{i=1}^{k} \left(n_i - \frac{n}{k} \right)^2} \tag{5-21}$$

式中：n_i 为第 i 个供电网格中变电站的数目，需要指出的是，该指标为成本型指标，即指标取值越小，供电网格的均衡性水平越高。

第四节　考虑多元负荷及 DG 出力不确定性的供电单元划分

本节阐述考虑多元负荷及 DG 出力不确定性的供电单元划分方法。首先考虑多元负荷及 DG 接入的供电单元划分差异性分析，其次说明考虑多元负荷及 DG 出力不确定性的供电单元划分模型，简述供电单元划分模型求解的整体思路，最后给出供电单元划分模型求解的具体方法，包括 DG 出力不确定性处理方法、考虑多元负荷及 DG 出力的净负荷量计算方法、先站间后站内的供电单元划分方法。

一、考虑多元负荷及 DG 出力不确定性的供电单元划分模型

1. 目标函数

中压配电网供电单元划分以供电单元数量最少为目标函数，通过挖掘馈线间负荷特性匹配程度，提高各条馈线的利用效率，减少变电站出线条数。然而，单纯考虑供电单元总数最少的规划目标具有阶跃性，容易生成多组相同供电单元数量的规划方案。在考虑单元数量最少的基础上，从降低网损的角度增加转供线路最大负载率均衡水平作为另一评判标准，有助于更快地选择出最优的供电单元划分方案。因此，目标函数为

$$\min Z = \min(Z_{zj} + Z_{zn}) \qquad (5\text{-}22)$$

$$\min \alpha = \sum_{i=1}^{Z}(\eta_{i\max} - \overline{\eta})^2 / Z \qquad (5\text{-}23)$$

式中：Z、Z_{zj}、Z_{zn} 分别为全部供电单元、站间供电单元、站内供电单元个数；α 为各供电单元内转供线路最大负载率期望的方差，以此描述各供电单元内转供线路最大负载率间的均衡性；$\eta_{i\max}$ 为第 i 个供电单元中转供线路最大负载率期望的最大值；$\overline{\eta}$ 为各供电单元中供电单元内转供线路最大负载率期望最大值的均值。

2. 约束条件

（1）供电单元内转供线路最大负载率约束。假设在 t_1 时刻第 i 个供电单元中净负荷的均值最大，供电单元内转供线路最大负载率约束以 t_1 时刻为标准，W_{it_1} 为第 i 个供电单元在 t_1 时刻的净负荷，具有不确定性，约束条件如下

$$\frac{W_{it_1}}{L_{\max} \cos\varphi} \leqslant 100\% \qquad (5\text{-}24)$$

式中：$L_{\max}$ 为线路传输容量的最大值；$\cos\varphi$ 为功率因数。

采用机会约束规划可以将式（5-24）转化为

$$P\left\{\frac{W_{it_1}}{L_{\max} \cos\varphi} \leqslant 100\%\right\} \geqslant 1-\varepsilon \qquad (5\text{-}25)$$

式中：ε 为约束条件成立的置信水平。

对式（5-25）进行变换可以得到

$$P\{W_{it_1} \leqslant L_{\max} \cos\varphi\} \geqslant 1-\varepsilon \tag{5-26}$$

采用多场景法处理不确定性，供电单元在每个时刻净负荷所有场景的分布由式（5-27）得到。

$$W_{it_1} = \frac{1}{N} \sum_{l=1}^{N} \tau_{\hat{\xi}_i} \tag{5-27}$$

式中：$\tau_{\hat{\xi}_i}$ 为第 l 个供电单元每个时刻在每个场景净负荷数值；N 为场景数量。

（2）馈线负载率约束。假设在 t_2 时刻馈线 i 所带净负荷的均值最大，馈线负载率约束应以 t_2 时刻为标准，Y_{it_2} 为馈线 i 所带负荷在 t_2 时刻的净负荷。

第 i 条馈线负载率约束为

$$\begin{cases} \dfrac{Y_{it_2}}{L_{\max} \cos\varphi} \leqslant k_{\max} \\ k_{\min} \leqslant \dfrac{Y_{it_2}}{L_{\max} \cos\varphi} \end{cases} \tag{5-28}$$

采用机会约束进行变换，可得

$$\begin{cases} P\{Y_{it_2} \leqslant k_{\max} L_{\max} \cos\varphi\} \geqslant 1-\varepsilon \\ P\{k_{\min} L_{\max} \cos\varphi \leqslant Y_{it_2}\} \geqslant 1-\varepsilon \end{cases} \tag{5-29}$$

采用多场景法处理不确定性，馈线在每个场景的净负荷分布为

$$Y_{it_2} = \frac{1}{N} \sum_{i=1}^{N} \tau_{\hat{\xi}_i} \tag{5-30}$$

式中：$\tau_{\hat{\xi}_i}$ 为馈线 i 每个时刻在每个场景净负荷数值；N 为场景数量。

二、供电单元划分模型求解的整体思路

求解供电单元划分模型，首先，采用多场景法处理 DG 出力不确定性；其次，计算考虑多元负荷及 DG 出力的供电单元内净负荷量；然后，基于得到的净负荷量，进行站间供电单元划分；最后，以站间供电单元划分方案为基础，进行站内供电单元划分。

1. **DG出力不确定性处理方法**

通过收集全场景下DG各时刻的出力并采用 *k*-means 聚类方法对其进行处理，最终得到 DG 每一时刻的典型出力及其出现概率；同时，结合 DG 接入位置的用户侧负荷特性，得到用户侧负荷的净负荷场景，根据式（5-31）场景建模，得到供电单元内每个时刻所有场景的分布。

$$A=\frac{1}{N}\sum_{l=1}^{N}\tau \qquad （5-31）$$

式中：A 为每个时刻所有场景的分布；N 为场景的数量；τ 为每个时刻在每个场景的净负荷。

2. **考虑多元负荷及DG出力的净负荷量计算方法**

根据考虑 DG 出力的净负荷特性和多元负荷用能需求模型评估多元负荷特性曲线，将两者叠加，得到新的负荷特性曲线。然后对负荷特性曲线取均值，得到考虑多元负荷及 DG 出力的净负荷量。

3. **站间供电单元划分**

以变电站为中心生成角度均分的若干条中心线，站间两条馈线互联形成一个站间供电单元。首先，基于初始馈线位置进行两座变电站站间供电单元划分，逐步将两座变电站中加权距离最小的负荷归属进每个站间供电单元两条馈线的供电范围，直至两条馈线的负载率最大值无法满足配电线路负载率机会约束，输出划分方案；然后，将初始生成的馈线角度旋转一定角度，输出不同角度下多组划分方案；最后，以各个站间供电单元内负荷同时率均值的期望最小为指标优选划分方案。

4. **站内供电单元划分**

以变电站为中心生成角度均分的若干条中心线，站内区域每两条相邻中心线互联形成一个站内供电单元。以站间供电单元划分方案为基础，进行站内供电单元划分。按照加权距离最小的原则，满足每个供电单元内转供线路负载率机会约束，将各个负荷点划分进各条中心线的供电范围；每条中心线供电范围划分完成后，根据中心线所带负荷位置，对其角度进行更新，使中心线过所带负荷地理位置的中心；进行多次迭代，完成站内供电单元的划分。

5．判断最优方案

遍历所有可行方案，对比各方案中的供电单元数量和各供电单元内转供线路最大负载率的方差。在供电单元数量最小的基础上，选择各供电单元内转供线路最大负载率方差最小的供电单元划分方案。

三、供电单元划分模型求解的具体方法

1．站间、站内供电单元迭代划分框架

考虑联络馈线间负荷特性匹配的供电单元划分，首先要基于馈线负载率约束对站间供电单元进行划分，充分挖掘变电站站间的供电能力。在相应的负载率约束下，通过改变站间馈线的位置进行多次迭代，生成 N_{step} 组站间供电单元划分方案。并以各个站间供电单元内负荷同时率的均值为指标，评价站间供电单元划分的优劣，选择多组较优的站间供电单元划分方案。在此基础上进行考虑联络馈线间负荷特性匹配的站内供电单元划分，形成该种站间馈线负载率约束下的多组供电单元划分方案，然后进行最终供电单元划分方案的优选，从而实现对站间、站内供电单元的顺序划分，站间、站内供电单元划分框架如图 5-5 所示。

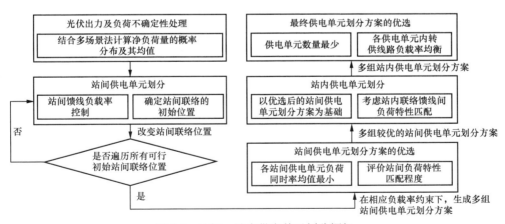

图 5-5　站间、站内供电单元划分框架

2．DG出力不确定性处理方法

与供电网格划分模型求解方法类似，采用多场景法对 DG 出力不确定性进行

处理。通过收集全场景下的 DG 每时刻的出力并采用 k-means 聚类方法对其进行处理，最终得到 DG 每时刻的典型出力及其出现概率。同时，结合 DG 接入位置的用户侧负荷特性，得到用户侧负荷的净负荷场景，根据场景建模，得到供电单元内每个时刻用户侧净负荷所有场景的分布。

3. 考虑多元负荷及DG出力的净负荷量计算方法

与供电网格划分模型求解方法类似，将净负荷特性和多元负荷特性叠加，得到新的负荷特性曲线，对其取均值，得到考虑多元负荷及 DG 出力的净负荷量。

4. 站间供电单元划分流程

站间供电单元划分首先根据供电网格中负荷规模与供电模型的要求，确定变电站站间出线条数，通过站间馈线负载率控制进行划分，挖掘变电站站间的供电能力。下面以 S1、S2 变电站的一组站间供电单元为例介绍具体划分流程。

（1）步骤 1：根据各座变电站的地理接壤情况，确定每两座变电站形成站间联络的最远处。假设馈线 a_i 与 b_j 是两座变电站站间馈线的初始位置，令 $k=1$，设置站间馈线的负载率 η。

（2）步骤 2：初始令 $i=1$、$j=1$，计算 S1 和 S2 变电站中各个负荷点到馈线 a_i 与馈线 b_j 的加权距离，将加权距离最小的负荷归属进馈线 a_i 与 b_j 的供电范围。

加权距离和加权因子具体表达式为

$$l_{mi} = l'_{mi}\omega_1\omega_2 \tag{5-32}$$

$$l_{nj} = l'_{nj}\omega_1\omega_2 \tag{5-33}$$

$$\omega_1 = \left(\frac{\mu_{\max} - \mu_{\min}}{\mu_{\max}}\right)^q \tag{5-34}$$

$$\omega_2 = \left(\frac{1}{24}\sum_t^{24}\sigma_t^2\right)^q \tag{5-35}$$

式中：l'_{mi} 和 l_{mi} 分别为第 m 个负荷到馈线 a_i 的欧式距离和加权距离；l'_{nj} 和 l_{nj} 分别为第 n 个负荷到馈线 b_j 的欧式距离和加权距离；站间馈线 a_i 与 b_j 组成一个供电单元，ω_1 为加权因子，与该供电单元的峰谷差率有关；q 为加权因子的放大系数；

μ_{max} 为负荷或光伏加入馈线 a_i 或馈线 b_j 后，该供电单元内的净负荷时序出力均值的最大值；μ_{min} 为负荷或光伏加入后该供电单元内的净负荷时序出力均值的最小值。σ_t^2 为负荷点与光伏加入馈线 a_i 或馈线 b_j 后，供电单元内净负荷在第 t 时刻大小的方差。

当负荷点与光伏的加入有利于改善供电单元的峰谷差时，加权因子 ω_1 会变小，加权距离也随之变小，增加负荷点属于该供电单元的可能性，进而保证供电单元内源荷特性匹配。σ_t^2 用来描述供电单元内净负荷大小的波动程度，当负荷点与光伏的加入会减小净负荷的方差时，说明该负荷的加入会减小净负荷的波动程度与不确定性，加权因子 ω_2 会减小，加权距离随之减小，有利于负荷点或光伏加入该供电单元。

（3）步骤 3：将馈线 a_i 与 b_j 按照所带负荷的位置进行角度更新，使馈线经过所带负荷的地理位置中心。

（4）步骤 4：保存馈线 a_i 与 b_j 的供电范围划分方案。

（5）步骤 5：计算馈线 a_i 与 b_j 净负荷负载率的概率信息。

（6）步骤 6：判断馈线 a_i 在一定置信度下的负载率是否小于预设的负载率约束，如果馈线 a_i 在一定置信度下负载率的最大值小于预设的负载率约束，令 $i=i+1$，跳转到步骤 2，继续划分馈线 a_i 的供电范围，否则继续步骤 7。

（7）步骤 7：输出馈线 a_{i-1} 供电范围的划分方案。

（8）步骤 8：判断馈线 b_j 在一定置信度下的负载率最大值是否小于预设的负载率约束，如果馈线 b_j 在一定置信度下的负载率最大值小于预设的负载率约束，令 $j=j+1$，跳转到步骤 2，继续划分馈线 b_j 的供电范围，否则继续步骤 9。

（9）步骤 9：输出馈线 b_{j-1} 供电范围的划分方案。

（10）步骤 10：判断是否达到迭代次数 N_{step}，如果是，进行步骤 11，反之将馈线 a_i 与 b_j 的初始角度旋转 $\Delta\theta_1$（$\Delta\theta_1$ 为设置的馈线调整角度，设为 3°），而后返回步骤 2。

（11）步骤 11：计算每组供电单元划分方案中转供线路在一定置信度下的最大负载率。

（12）步骤 12：输出满足供电单元内转供线路最大负载率约束的供电单元划分方案，并将 H 个站间供电单元内负荷同时率均值的期望 $E(\bar{\tau})$ 最小作为指标，对站间供电单元划分方案进行优选。

H 个站间供电单元内负荷同时率均值的期望 $E(\bar{\tau})$ 表达式如下

$$E(\bar{\tau})=\frac{1}{H}\sum_{h=1}^{H}\bar{\tau}_h \qquad (5\text{-}36)$$

$$\bar{\tau}_h = E(\tau_h^i) \qquad (5\text{-}37)$$

$$\tau_h^i = \frac{\max\left\{(x_{1,1}^i + x_{2,1}^i + \cdots + x_{n,1}^i),\cdots,(x_{1,24}^i + x_{2,24}^i + \cdots + x_{n,24}^i)\right\}}{\max(x_{1,1}^i + x_{1,2}^i + \cdots + x_{1,24}^i) + \cdots + \max(x_{n,1}^i + x_{n,2}^i + \cdots + x_{n,24}^i)} \qquad (5\text{-}38)$$

式中：$\bar{\tau}_h$ 为第 h 个供电单元内负荷的同时率的期望；τ_h^i 为第 i 个场景下第 h 个供电单元内负荷的同时率，是第 i 个场景下第 h 个供电单元内总负荷时序特性的最大值与各个负荷时序特性最大值之和的比值；H 为站间供电单元的数量；$x_{n,m}^i$ 为第 i 个场景下该供电单元中第 n 个负荷在第 m 个时刻的大小，其中 $m=1, 2, 3,\cdots, 24$。

指标 $E(\bar{\tau})$ 的值越小，说明该方案站间供电单元的负荷特性匹配效果较好，站间联络馈线的供电能力得到充分挖掘。得到 N_{step} 种站间供电单元划分方案后，计算每一组站间供电单元划分方案的指标 $E(\bar{\tau})$，以指标 $E(\bar{\tau})$ 最小为原则选择多组站间供电单元划分方案，以此为基础进行站内供电单元的划分，有助于节约站内供电单元数量。

（13）步骤13：输出多组站间供电单元划分方案。

5．站内供电单元划分流程

站内供电单元的划分是以站间供电单元划分方案为基础，在各座变电站的站内供电区域，以一组具有联络关系的站内馈线组为研究单位，进行考虑联络馈线间所带负荷特性匹配的供电单元划分。

首先，以变电站为中心，在站内区域以角度均分的原则生成若干条中心线，每两条相邻的中心线互联形成一个站内供电单元；其次，计算每个负荷点（含光伏）到各条中心线的加权距离，加权距离的定义与站间供电单元划分中的定义相同，按照加权距离最小的原则，并满足每个供电单元内转供线路最大负载率的机会约束，将各个负荷点（含光伏）划分进各条中心线的供电范围，以此保证站内供电单元所带负荷特性匹配，每条中心线供电范围划分完成后，根据中心线所带负荷位置，对其角度进行更新，使中心线过所带负荷地理位置的中心；最后，进行多次迭代，完成站内供电单元的划分。

6．最终划分方案的获取

遍历所有可行方案，对比各方案中的供电单元数量和各供电单元内转供线路最大负载率的方差。在供电单元数量最小的基础上，选择各供电单元内转供线路最大负载率方差最小的供电单元划分方案。

第五节 实 例 分 析

一、实例概况

此次配电网分层分区范围划分方法选取某市中心城区某一包含 7 座变电站的供电区域作为典型区域开展实证分析，其规划示意图如图 5-6 所示。该供电区域为生活集中区，该供电区域的规划参数见表 5-1。

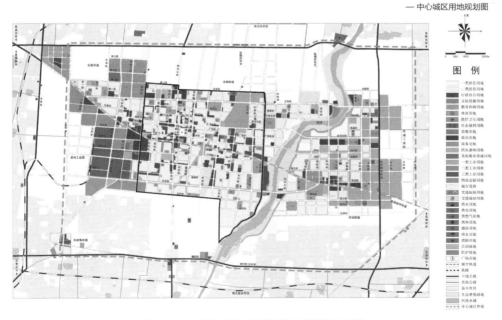

图 5-6 实例分析典型区域城市规划示意图

表 5-1   该供电区域的规划参数

用地性质		建筑面积指标（W/m²）
用地性质名称	用地性质代码	
一类居住用地	R1	15
二类居住用地	R2	10
商业用地	B1	22
商务用地	B2	20
行政办公用地	A1	15
文化设施用地	A2	15
教育用地	A3	11
体育用地	A4	4
医疗卫生用地	A5	17
社会福利用地	A6	13
其他公共管理与公共服务设施用地	A9	6
一类工业用地	M1	15
二类工业用地	M2	20
三类工业用地	M3	—
一类物流仓储用地	W1	13
交通枢纽用地	S3	6
交通场站用地	S4	6
广场用地	G3	2
供电用地	U	6
供水用地	U	6
供热用地	U	6
消防用地	U	8
排水用地	U	6
环卫用地	U	8
通信用地	U	4

　　该供电区域范围内，至规划远景年共有 110（35）kV 变电站 7 座，供电区域远景期变电站布点规划结果示意图如图 5-7 所示。待划分供电区域远景年规划变电站基本信息见表 5-2。

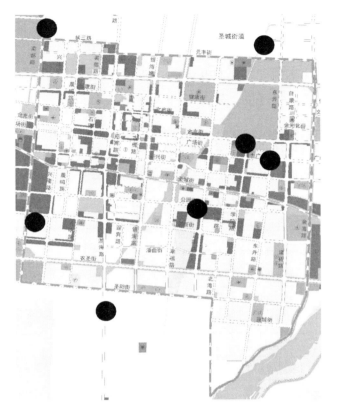

图 5-7　供电区域远景期变电站布点规划结果示意图

表 5-2　　　　　　　　待划分供电区域远景年规划变电站基本信息

序号	站名	坐标	主变压器台数	单台主变压器容量（MVA）	负载率	负载能力（MVA）
1	文 A 站	（3960.1906，6483.8928）	3	50	66.7%	100
2	寿 B 站	（3540.2004，2690.3331）	3	63	66.7%	126
3	胡 C 站	（7046.9737，1338.385）	3	63	66.7%	126
4	建 D 站	（8977.5341，3006.103）	3	50	66.7%	100
5	新 E 站	（8292.3403，3468.8232）	2	50	50%	50
6	金 F 站	（8934.6136，5672.6355）	2	63	50%	63
7	益 G 站	（5420.8985，-529.2293）	2	40+63	40%	40

二、供电网格划分

待划分的供电区域内共有 110kV 变电站 7 座，7 座变电站供电范围内有 425 个不同负荷密度的负荷区块，有 10 个负荷区块接入了分布式光伏，已知各光伏的最大出力为 750kW。

供电区域各区块净负荷密度见表 5-3，表 5-3 是数据可用于计算变电站等效圆形供电半径，从而获得变电站供电范围的划分结果。

表 5-3　　　　　　　　　供电区域各区块净负荷密度

| 序号 | 用地编号 | 用地性质 | | 原负荷密度（W/m²） | 用地面积（m²） | 分布式装机容量（kW） | 净负荷密度（W/m²） |
		用地性质名称	代码				
1	B-B2-001	商务用地	B2	20	96305.67	750	12.21
2	B-R2-001	二类居住用地	R2	10	61300.14	0	10
3	B-R2-002	二类居住用地	R2	10	142107.6	0	10
4	B-A9-001	宗教用地	A9	18	39599.32	0	18
5	B-R2-003	二类居住用地	R2	10	159896.3	0	10
6	B-R2-004	二类居住用地	R2	10	21601.19	750	-24.72
7	B-B1-001	商业用地	B1	22	12000.74	0	22
8	B-A1-001	行政办公用地	A1	15	28600	0	15
9	B-U1-001	供水用地	U1	6	67450	0	6
10	B-U1-002	供电用地	U1	6	4200	0	6
11	B-U1-003	供热用地	U1	6	41400	750	-12.12
12	B-U1-004	供电用地	U1	6	4200	0	6
13	B-R2-005	二类居住用地	R2	10	17956.68	0	10
14	B-B1-002	商业用地	B1	22	4743.35	0	22
15	B-A1-002	行政办公用地	A1	15	1623.09	0	15
16	B-U1-005	供电用地	U1	6	7969.35	0	6
...	...	...	...	...	...	...	...
425	B-R1-001	一类居住用地	R1	15	307203.4	0	15

结合第三节所提出的变电站圆形等效供电半径的折算方法求解远景期规划

变电站的圆形等效供电半径，远景年规划变电站圆形等效供电半径折算结果见表 5-4、表 5-5。

表 5-4　不考虑 DG 的远景年规划变电站圆形等效供电半径折算结果

编号	变电站	等效半径 r（m）
1	文 A 站	2613.4746
2	寿 B 站	1771.58
3	胡 C 站	1993.3096
4	建 D 站	1743.8425
5	新 E 站	1265.1056
6	金 F 站	2151.0227
7	益 G 站	1827.0503

表 5-5　考虑 DG 的远景年规划变电站圆形等效供电半径折算结果

编号	变电站	等效半径 r（m）
1	文 A 站	2613.4746
2	寿 B 站	1771.58
3	胡 C 站	1993.3096
4	建 D 站	1743.8425
5	新 E 站	1265.1056
6	金 F 站	2161.0227
7	益 G 站	1847.0503

将变电站划分由平面点划分转化为面积域划分，并采用理论圆形供电范围近似等效变电站的实际供电范围。由表 5-4 和表 5-5 对比可以发现，存在 DG 接入的变电站，如胡 C 站、金 F 站、益 G 站，与无 DG 接入的情形相比，其圆形等效供电半径略微增加。变电站圆形等效供电范围示意图如图 5-8 所示。

计算出变电站最小、次小界间距所对应的中心点坐标，同时计算出它与先前已确定的初始聚类中心的距离并与平均界间距 $mean$ 进行比较，若与先前已有的初始聚类中心的距离均大于等于 $mean$，那么该界间距对应的中心点作为下一个初始聚类中心。远景年规划变电站平均界间距 $mean$ 计算结果见表 5-6。

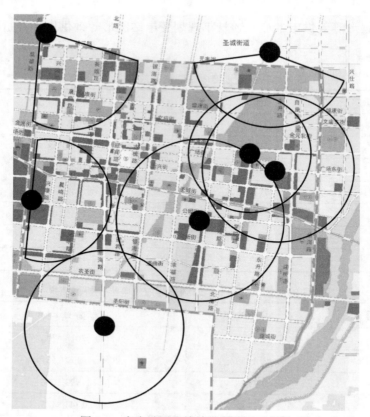

图 5-8　变电站圆形等效供电范围示意图

表 5-6　　　　　　　　　远景年规划变电站平均界间距 *mean* 计算结果

界间距站编号	点间距 $d(i,j)$	界间距 $D(i,j)$	平均界间距 *mean*
1-2	3816.73773864017	568.316861359823	
1-3	6000.37335724256	1393.58915724256	
1-4	6104.81430429921	1747.49720429921	
1-5	5278.08352681674	1400.50332681674	
1-6	5040.14112795785	265.643827957856	
1-7	7163.62681598021	2703.10191598021	581.3038586
2-3	3758.35371441892	-6.53588558107958	
2-4	5446.49505598799	1931.07255598799	
2-5	4815.48340927159	1779.79780927159	
2-6	6163.91283012503	2231.31013012503	
2-7	3728.62003841064	109.98973841064	

界间距站编号	点间距 d(i, j)	界间距 D(i, j)	平均界间距 mean
3-4	2551.14617095378	−1186.00592904621	
3-5	2467.73274331212	−789.682456687872	
3-6	4727.46356821734	573.131268217344	
3-7	2476.30848837933	−1364.05141162066	
4-5	826.801383070009	−2181.14671692999	581.3038586
4-6	2666.87790175637	−1237.98729824362	
4-7	5014.8012186537	1423.9084186537	
5-6	2295.49638325225	−1129.63191674774	
5-7	4922.35734212211	1811.20144212211	
6-7	7128.06571248098	3119.99271248098	

　　为提高供电块划分的有效性，在计算块内界间距 $w(i, j)$ 时需要把变电站界间距折算成非负值 D'，同时需要引入折算因子 ε。通过计算得到其折算因子和界间距折算值，远景年规划变电站界间距折算值计算结果见表5-7。

表 5-7 　　　　　远景年规划变电站界间距折算值计算结果

界间距站编号	折算因子	界间距折算值
1-2	0.77053	437.9052
1-3	1	1393.5892
1-4	1	1747.4972
1-5	1	1400.5033
1-6	1	265.6438
1-7	1	2703.1019
2-3	0.99653	6.5132
2-4	1	1931.0726
2-5	1	1779.7978
2-6	1	2231.3101
2-7	1	109.9897
3-4	0.51819	614.5764
3-5	0.60975	481.508878
3-6	1	573.1313

界间距站编号	折算因子	界间距折算值
3-7	0.47949	654.0490
4-5	0.15933	347.5221
4-6	0.52058	645.4714
4-7	1	1423.9084
5-6	0.50620	571.8197
5-7	1	1811.2014
6-7	1	3119.9927

结合本章第三节所提出的基于改进的 k-means 聚类算法进行供电网格的划分，供电网格划分数 k 的取值范围为 $2\sim4$，不同划分方案情况下 BWP 指标和 β 指标的计算结果见表 5-8。

表 5-8　　不同划分方案情况下 BWP 指标和 β 指标的计算结果

k	聚类方式	BWP 指标	β 指标
2	{2，3，7}、{1，4，5，6}	0.17482	0.5
2	{1，2，7}、{3，4，5，6}	0.25195	0.5
2	{1，2，6}、{3，4，5，7}	-0.02061	0.5
2	{4，5，6}、{1，2，3，7}	-0.46899	0.5
3	{1，6}、{2，7}、{3，4，5}	0.34209	0.4714
3	{1，2}、{3，7}、{4，5，6}	-0.00881	0.4714

根据 BWP 指标的比较结果选取较优的几种网格划分方案，计算选取的网格划分方案各自的 β 指标，确定供电网格划分的最佳数量。经过综合选择，选择 k 为 3，聚类方式选择{1，6}，{2，7}，{3，4，5}，其中聚类方式的数字代表变电站编号。供电区域供电网格 k-means 最佳聚类方案示意图如图 5-9 所示。

图 5-9 中，圆点代表变电站，相同颜色即为同一个聚类，五角星代表聚类中心。可以看出，考虑 DG 接入后聚类中心的位置会发生变化，变电站{1，6}的聚类中心向站 1 移动，变电站{2，7}的聚类中心向站 2 移动，变电站{3，4，5}的聚类中心向站 3 移动，但变电站的聚类结果并没有改变。综上，可以得出该供电区域供电网格划分情况，考虑 DG 接入的供电区域供电网格最佳划分方案示意图

如图 5-10 所示。

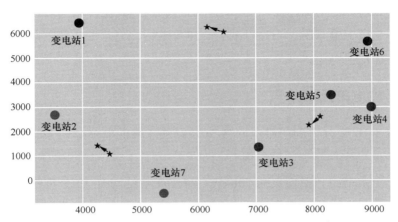

图 5-9　供电区域供电网格 *k*-means 最佳聚类方案示意图

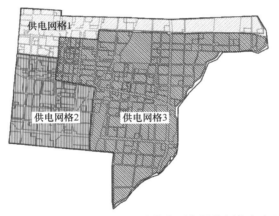

图 5-10　考虑 DG 接入的供电区域供电网格最佳划分方案示意图

考虑 DG 接入后，变电站圆形等效供电半径将略微发生变化，有 DG 接入的变电站等效供电半径变大，其他变电站与接入 DG 的变电站界间距（考虑符号）变小，进而使聚类中心偏离有 DG 接入的变电站。以变电站 1 和变电站 6 为例，变电站 6 的供电范围内有 DG 接入，其等效供电半径变大，变电站 1 等效供电半径不变。无 DG 接入时变电站 1 和变电站 6 之间的界间距大于 0，考虑 DG 接入后的变电站 1 和变电站 6 之间的界间距依然大于 0，说明两座变电站圆形供电范围的近侧圆弧离得更近，变电站 1 和变电站 6 之间的界间距变小，聚类结果没有发生变化，但聚类中心向变电站 1 移动。综上所述，考虑 DG 接入后对变电站供电范围产生一定影响，但是因为该供电区域为居民集中区，接入的 DG 装机容量有限，不足以减少一座变电站，因此 DG 接入前后变电站聚类结果没有发生变化。

三、供电单元划分

以图 5-10 划分得到的供电网格 3 为对象开展供电单元划分的算例分析。图 5-10 中的供电网格 3 远景年内有 110kV 变电站 3 座，其供电范围内各有 127、150、117 个负荷点，平均负荷 736kW，每座变电站均有 30 个负荷点接入了分布式光伏，各个光伏的最大出力为 250kW。网格内包含居民、商业、市政公共设施、教育科研等负荷类型，针对各负荷类型分别收集春夏秋冬工作日和周末共 8 个典型日的负荷曲线，可分析得出其负荷的位置、大小和负荷类型，供电网格 3 的部分负荷点基本信息明细见表 5-9。

表 5-9   供电网格 3 的部分负荷点基本信息明细

序号	负荷（kW）	配置光伏量（kW）	横坐标	纵坐标	类型	归属变电站
1	988.085	250	3101.19	3862.37	商业	建 D 站
2	745.2903	0	3219.95	1270.75	市政公共设施	建 D 站
3	808.0141	0	3440.8	2341.52	居民	建 D 站
4	729.6765	0	3465.31	2884.8	居民	建 D 站
5	695.3033	0	3695.46	2317.77	市政公共设施	建 D 站
6	856.907	250	3660	4552.29	市政公共设施	建 D 站
7	823.1628	0	4221.7	3157.36	市政公共设施	建 D 站
8	875.941	0	4006.53	3160.9	市政公共设施	建 D 站
9	800.2944	0	4235.11	3460.5	市政公共设施	建 D 站
10	795.4485	0	3223.29	3125.14	商业	建 D 站
11	838.5974	250	4871.89	5411.78	市政公共设施	建 D 站
12	862.1916	0	4882.97	5690.9	市政公共设施	建 D 站
13	821.6609	0	4520.03	3279.58	市政公共设施	建 D 站
14	620.3399	0	2861	2352.42	居民	建 D 站
15	960.6528	0	2985.13	2653.51	居民	建 D 站

续表

序号	负荷（kW）	配置光伏量（kW）	横坐标	纵坐标	类型	归属变电站
16	1056.298	250	3040.62	3283.24	居民	建 D 站
17	877.3768	0	3266.93	4167.11	居民	建 D 站
18	829.7298	0	3141.45	4721.03	居民	建 D 站
19	623.2567	0	3727.75	4972.93	居民	建 D 站
20	805.9474	0	4194.65	4939.82	居民	建 D 站
21	848.5502	250	3611.68	3434.89	居民	建 D 站
22	823.7344	0	4190.18	4534.73	居民	建 D 站
23	1155.299	0	3482.95	1857.79	居民	建 D 站
...	...	...	...	...	...	...
394	503.6508	0	2353.26	−215.28	居民	胡 C 站

如前所述，通过多场景法对 DG 出力不确定性进行处理，得到各场景下的净负荷特性。然后对净负荷特性曲线取均值，得到考虑 DG 出力的净负荷量的期望，可用于计算负荷点的加权距离，获得负荷点的归属馈线，进而获得供电单元的划分结果。供电网格 3 的供电单元最佳划分方案示意图如图 5-11、图 5-12 所示。

由图 5-11、图 5-12 可知，考虑 DG 接入场景与无 DG 接入场景相比，供电单元数量减少了 2 个，这是因为分布式电源并网使净负荷数值减小，从而使馈线能够带更多负荷，减少了变电站出线数量，最终使供电单元数量减少。

图 5-11 无 DG 接入时供电网格 3 的供电单元最佳划分方案示意图

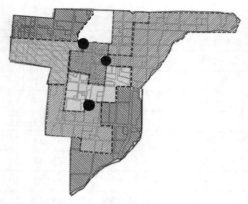

图 5-12　考虑 DG 接入时供电网格 3 供电单元最佳划分方案示意图

1. 简述考虑多元负荷和 DG 接入的配电网网格化规划原则、规划思路、规划流程及规划方法。

2. 梳理地区配电网网格化规划现状，对地区配电网开展考虑多元负荷和 DG 的网格化规划。

第六章　分层分区网架规划与设备配置方法

本章目标

了解配电网分层分区网架规划与设备配置思路；掌握网架规划和设备配置方法，掌握网格内主干线、分支线和联络线布线方法；了解并掌握分布式光伏接入方案的适应性评价指标及评价方法。

基于典型场景的分层分区网架配置与设备配置整体思路主要包括典型场景生成、网架规划和设备配置三个方面，下面对其进行详细说明。

典型场景生成是通过收资得到大量源荷历史数据，接着采用 k-means 聚类算法对其进行处理，最后生成典型场景，具体方法及过程已在第五章进行详细介绍。

网架规划包括内部主干线规划、分支线规划和外部联络线规划。主干线规划、外部联络线规划应保障网架结构坚强灵活，满足用户可靠供电需求。分支线规划主要用于用户和分布式电源接入，保障用户安全接入。

设备配置主要包括主变压器和线路的配置。由于电网标准化程度较高，各设备的基本规格是确定的，因此设备配置主要是对设备数量进行配置，相关方法已在第五章进行介绍。其中，主变压器配置与供电网格划分同步，而线路配置与供电单元划分是同步的，这是因为在划分供电网格时，首先需要确定变电站的位置、座数和容量，而后才可根据各变电站的供电范围进行网格划分；在划分供电单元时，首先需要确定线路容量，而后才可根据线路容量和主变压器负荷情况确定主变压器的出线条数及每条线路的供电范围（即馈线区块），接着通过馈线区块的组合形成供电单元。

第一节　分层分区网架规划与设备配置思路

传统的网格化规划针对单个网格开展，主要依据馈线分区划分结果，对分区

分布式光伏规模化接入的配电网规划

内的主干线、分支线进行规划，并且形成站内或站间联络，以实现常规故障下网格内的独立转供。在此基础上，为使更多负荷可以应对小概率大影响的严重故障，本节以网格内未形成站间联络关系的线路为对象，阐述如何进一步完善其联络关系以形成网格间的联络，从而展开网格间协同转供。

在线路间建立联络关系可以实现故障下的负荷转供，因此联络线规划是网格内部网架规划的重要环节。线路间的联络关系可以分为站间联络和站内联络，其中站间联络不仅可应对常规故障，还可应对站内两台主变压器同时故障等小概率大影响故障。因此相比站内联络，站间联络可以满足更高的可靠性需求。但是，考虑到地理条件限制，若强制要求所有供电单元均形成站间联络，将会使部分供电单元因联络线路过长影响运行的经济性。综上，需要结合实际地理条件和负荷可靠性需求，在网格内部形成站内联络与站间联络结合的联络结构。

随着负荷的进一步发展，并考虑到小概率大影响故障的发生概率，网格内站间联络的数量可能不足以支撑较高的供电可靠性需求，因此有必要增加更多的站间联络。此时，若考虑在两个相邻网格之间形成联络关系，则因经济性影响而形成站内联络的供电单元便可考虑进行网格间的站间联络，进而可以实现更多负荷在小概率大影响故障下的可靠供电。线路联络关系示意图如图 6-1 所示，以图 6-1 为例对网格联络关系进行说明。

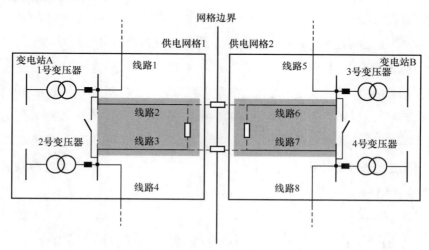

图 6-1　线路联络关系示意图

1. 网格内联络关系说明

以图 6-1 中的供电网格 1 为例，线路 2 和线路 3 形成的是站内联络，线路 1 和线路 4 与该网格内其他变电站形成的是站间联络。

当线路 1 或 1 号变压器发生故障时，线路 1 所带负荷可由与其联络的变电站进行供电；当线路 2 或 1 号变压器发生故障时，线路 2 所带负荷可通过与线路 3 的联络或母联断路器由 2 号变压器供给；当变电站 A 内两台主变压器均发生故障时，线路 2 和线路 3 失去了供电电源，而线路 1 和线路 4 仍可由与其联络的变电站进行供电。因此，站间联络的供电可靠性更高。

2. 站内联络的改造方案

为了弥补网格内站内联络的不足，可以考虑根据各网格间的地理接壤情况，对各网格内未形成站间联络的线路进行联络关系改造，建立网格间的站间联络。如图 6-1 中，可以将供电网格 1 内线路 2 和线路 3 的站内联络与对侧供电网格 2 内线路 6 和线路 7 的站内联络进行改造，生成线路 2 和线路 6 的网格间联络及线路 3 和线路 7 的网格间联络。

第二节　网格内部的网架规划与设备配置

网格内部的网架优化以供电单元为单位进行，涉及主干线、分支线和联络线的规划。

一、主干线布线

本书的主干线布线方法基于蚁群算法展开阐述。

1. 蚁群算法简介

蚁群算法是意大利学者 Derigo Mden 根据蚁群在自然界中寻找巢穴到食物之间最短路径的规律而提出的。每次从蚂蚁穴源节点放出一只蚂蚁向食物节点行进，每一只蚂蚁会在其经过的路径上释放一种被称为"信息素"的物质，蚁群内的蚂蚁对"信息素"具有感知能力，它们会沿着"信息素"浓度较高的较短路径行走，而每只路过的蚂蚁都会在之前行走的路径上释放"信息素"，反过来会继续吸引其他蚂蚁朝该路径行走。这种与正反馈相似的机制可以引导整个蚁群快速

分布式光伏规模化接入的配电网规划

找到从蚂蚁穴到食物源的最短路径。

作为一种新型的模拟进化算法，蚁群算法经过多年的发展，已经由最初用于求解旅行商问题（TSP）发展应用到多个领域。蚁群算法具有正反馈、并行计算和强鲁棒性等诸多优点，随着研究的不断深入和算法的不断完善，蚁群算法势必会有更为广阔的应用前景。

2．蚁群算法模型

具体模型如下

$$
P_{ij}^k(t) =
\begin{cases}
\dfrac{[\tau_{ij}(t)]^\alpha [\eta_{ij}]^\beta}{\sum\limits_{s \in Allowed_k} [\tau_{is}(t)]^\alpha [\eta_{is}]^\beta} & \text{如果} j \in Allowed_k \\[4mm]
0 & \text{如果} j \notin Allowed_k
\end{cases}
\tag{6-1}
$$

$$
\tau_{ij}(t+1) = (1-\rho)\tau_{ij}(t) + \sum_{k=1}^m \Delta\tau_{ij}^k(t)
\tag{6-2}
$$

$$
\Delta\tau_{ij}^k(t) = \frac{Q}{\sum L_k}
\tag{6-3}
$$

式中：$P_{ij}^k(t)$ 为 t 时刻蚂蚁 k 从节点 i 选择移动到节点 j 的概率；$\tau_{ij}(t)$ 为 t 时刻节点 i 到节点 j 的残留信息素强度；α 为信息启发式因子，表示信息素相对的重要性；η_{ij} 为从节点 i 到节点 j 的期望程度，一般为距离的倒数；β 为期望启发式因子，表示期望值相对的重要性；$Allowed_k$ 为未访问过的节点的集合；$\Delta\tau_{ij}^k(t)$ 为信息素强度计算时的增量，在计算时根据信息素更新方式的不同，分为蚂蚁周期模型、蚂蚁数量模型和蚂蚁密度模型公式；ρ 为信息残留系数；L_k 为蚂蚁本次循环所走过的总长度；Q 为常数，表示蚂蚁在经过的路径上释放的信息素含量。

蚁群算法是一种随机搜索寻优的智能方法，其中蚁群数量代表算法的全局搜索能力；信息素挥发度表示之前所留信息的消失速度，该参数过大时全局搜索能力较差，该参数过小时则会降低收敛速度；启发式因子、总信息量等参数同样会影响蚁群算法的效率和效果。蚁群算法应用到实际问题中，应当根据问题特点合理设置参数，以在蚁群算法的全局搜索能力和搜索效率中寻求平衡。

3．主干线求解方法

（1）模型调整。采用蚁群算法计算主干线候选集时，蚂蚁出发的起点为变电站所在的街道节点，终点为选定的候选主干线末端节点，蚂蚁每次行动时只能从所在街道节点移动到相邻的街道节点。为了避免蚁群算法在主干线求解中陷入局部最优，本模型进行以下三方面调整。

1）调整 1：调整算法参数，通过降低信息挥发度和增加蚁群数量加强算法全局搜索能力。

2）调整 2：增加每次优化时保留的方案数量并进行对比，降低选择局部最优解的可能，确保每次优化时得到稳定的最优解。蚁群算法寻找的是长度较短的路径，馈线区块内寻找的是经济性较优的路径。首先采用蚁群算法保留各代中的主干线路径形成备选路径集，备选路径基本覆盖较优的主干线，再选择备选路径集中总长度较短的 3 条路径去进行自动布线并求取经济性费用进行选优，最大程度保证能得到该馈线区块内经济性最优的规划方案。

3）调整 3：通过多次计算削弱可能陷入局部最优带来的解不稳定的影响。

（2）实施步骤。利用蚁群算法进行主干线布线的具体实施步骤如下：

步骤 1：初始化各街道的信息素，各街道初始信息素浓度相同。

步骤 2：将蚂蚁起始位置设置为变电站节点。

步骤 3：每只蚂蚁按照信息素浓度强弱选择下一个街道节点位置。

步骤 4：判断该蚂蚁是否爬行到末端待选节点，若是继续向下执行步骤 5，否则返回步骤 3。

步骤 5：记录该蚂蚁的爬行路径，并判断是否到达本代蚂蚁最大个数，若是继续向下执行步骤 6，否则返回步骤 2。

步骤 6：判断是否到达蚂蚁最大代数，若是则执行步骤 8，否则执行步骤 7。

步骤 7：按照上一代所有找到末端待选节点的蚂蚁爬行路径更新全局信息素。

步骤 8：输出最短路径。

根据上述步骤即可得到主干线的具体布线方案，基于主干线的布线情况，下面对分支线进行布线。

二、分支线布线

1. 算法原理

采用分支线布线组合求解算法，基于馈线区块各负荷点可行的分支线方案将各分支线组合，对各组合方法计算经济性后通过比较得到最优分支线方案。

2．分支线组合求解方法

在馈线区块的主干线布线确定的情况下，求取连接负荷点和主干线的分支线布线。分支线组合求解算法示意图如图 6-2 所示，根据负荷点与主干线位置的不同，将负荷点分为 A、B、C 三类，其中 A 类负荷点邻接单条街道段，有 3 种可能的分支线接法；B 类负荷点邻接 2 条及以上的街道段，有 4 种可能的分支线接法；C 类负荷点没有邻接街道段，有 2 种可能的分支线接法。

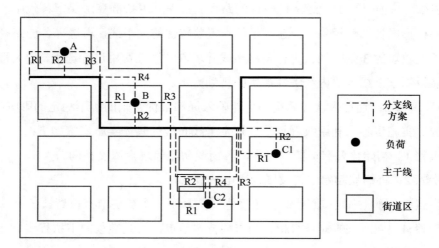

图 6-2　分支线组合求解算法示意图

在主干线布线确定的情况下，进行分支线布线的具体步骤如下：

步骤 1：根据各个负荷点与主干线布线的位置，确定该负荷点的候选分支线方案（2～4 个不等）。

步骤 2：针对每个负荷点分别挑选一个分支线方案进行组合，删除重复经过的街道段，得到该组合下的分支线布线，并计算各方案的投资费用。

步骤 3：比较所有负荷点的分支线组合方案，选取投资费用最低的方案保存。根据上述步骤即可得到分支线的最优布线方案，下面对联络线进行布线。

三、联络线布线

联络线是变电站不同馈线的连接线，能够为馈线之间的负荷转移提供路径。联络线的建设可以在节约通道走廊、不增加站点的情况下最大限度满足负荷增长需求，挖掘电网供电潜力，在保证安全可靠供电的基础上全面提高城市配电网的设备利用率水平。

任何线路的部署都要考虑建设成本的问题，联络线也是如此。为节约建设成本，在对联络线进行布线时要选择最短路径，同时需要考虑湖泊、河流等地理因素影响。

考虑到联络线布线并不像主干线布线路径冗长，因此采用 Dijkstra 算法对其连接。Dijkstra 算法由荷兰计算机科学家狄克斯特拉于 1959 年提出，主要特点是从起始点开始，采用贪心算法策略，每次遍历到始点距离最近且未访问过的顶点的邻接节点，直到扩展至终点为止，是从一个顶点到其余各顶点的最短路径算法，解决的是有权图中最短路径的问题。

第三节　网格之间的网架规划与设备配置

为了解决更严重故障下的负荷转供问题，同时为应对负荷的进一步发展，本节将第一节中各网格内未形成站间联络的线路作为研究对象，结合其实际所在网格的地理接壤程度，考虑跨网格形成站间联络，以提高供电可靠性。优化步骤具体如下：

步骤 1：读取各网格内的布线情况。

步骤 2：在每个网格内找出靠近网格边界且未实现站间联络的线路。网格间联络方案示意图如图 6-3 所示，图 6-3 中供电网格 1 内的变电站 A 所带线路 A1、A2，供电网格 2 内的变电站 B 所带线路 B1、B2，以及供电网格 3 内的变电站 C 所带线路 C1、C2。

步骤 3：改造上述线路的联络关系，生成多组网格间联络的待选方案。需要注意的是，生成待选联络方案时，应沿着街道进行布局，并尽量避免交叉。在图 6-3 中，线路 A1 与 B1 相连、B2 与 C2 相连、A2 与 C1 相连便是一组待选联络方案。

步骤 4：计算不同方案下线路的投资费用，并以线路投资费用最小为目标，选出最优联络方案。

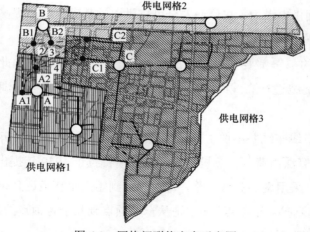

图 6-3 网格间联络方案示意图

第四节 分布式电源接入方案适应性评价指标及方法

一、评价指标体系

评价指标体系包括技术评价和经济评价两个方面,接入系统方案评价指标体系如图 6-4 所示。其中,技术评价从电能质量、短路电流水平、负载水平、二次系统等方面评价接入方案的技术可行性;经济评价从财务费用、线损成本和环境效益等方面评价接入方案的经济合理性。下面介绍各评价指标的计算公式及评分标准。

1. 电能质量

(1)电压不平衡度。公共连接点的电压不平衡度应符合 GB/T 15543《电能质量 三相电压不平衡》的规定。分布式电源接入的公共连接点三相电压不平衡度不应超过 1.3%,短时(3s~1min)不应超过 2.6%。电压不平衡度按式(6-4)计算

$$\varepsilon = \frac{U_2}{U_1} \times 100\% \qquad (6\text{-}4)$$

式中:ε 为三相电压不平衡度;U_1 为三相电压的正序分量方均根值,单位为伏(V);

U_2 为三相电压的负序分量方均根值，单位为伏（V）。

若公共连接点的电压不平衡度满足 GB/T 15543《电能质量　三相电压不平衡》的要求，该指标评分值为 100，否则为 0。

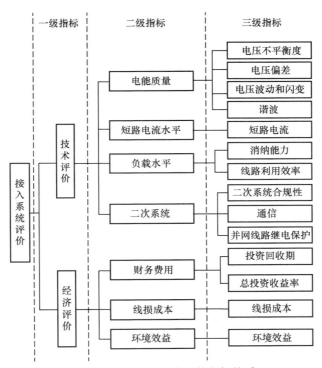

图 6-4　接入系统方案评价指标体系

（2）电压偏差。公共连接点的电压偏差应满足 GB/T 12325《电能质量　供电电压偏差》的规定。当接入系统电压等级为 35kV，电压正、负偏差绝对值之和不超过标称电压的 10%；当接入系统电压等级为 10kV 及以下三相供电电压，电压偏差不超过标称电压的±7%；当接入 220V 单相供电电压，电压偏差不超过标称电压的+7%、−10%。电压偏差按式（6-5）计算。

$$\delta U = \frac{U_{\mathrm{m}} - U_{\mathrm{N}}}{U_{\mathrm{N}}} \tag{6-5}$$

式中：δU 为电压偏差；U_{m} 为量测电压；U_{N} 为系统标称电压。

若电压偏差满足 GB/T 12325《电能质量　供电电压偏差》的要求，该指标评分值为 100，否则为 0。

（3）电压波动和闪变。公共连接点的电压波动和闪变应满足 GB/T 12326《电能质量 电压波动和闪变》的规定。电压波动按式（6-6）计算。

$$d = \left| \frac{\Delta U}{U_N} \right| \times 100\% \qquad (6-6)$$

式中：d 为电压波动；ΔU 为电压均方值曲线上相邻两个极值电压之差；U_N 为系统标称电压。

电压波动指标评分值可按式（6-7）确定。

$$y = \begin{cases} 100 & d \leqslant 3\% \\ 0 & d > 3\% \end{cases} \qquad (6-7)$$

式中：y 为电压波动指标评分值。

电压闪变按式（6-8）计算。

$$P_{lt2} = \sqrt[3]{P_{lt1}^3 - P_{lt0}^3} \qquad (6-8)$$

式中：P_{lt2} 为动负荷单独引起的长时间闪变值（测量周期 2h）；P_{lt1} 为波动负荷投入时的长时间闪变值测量值；P_{lt0} 为背景闪变值，是波动动负荷退出时一段时间内的长时间闪变测量值。

电压闪变指标评分值按式（6-9）确定。

$$y = \begin{cases} 100 & P_{lt2} \leqslant lim \\ 0 & P_{lt2} > lim \end{cases} \qquad (6-9)$$

式中：lim 为电压闪变限值，当接入系统电压等级为 110kV 及以上时 $lim=0.6$，当接入系统电压等级为 35kV 及以下时 $lim=0.8$；y 为压闪变指标评分值。

（4）谐波。公共连接点的谐波电压（相电压）应符合 GB/T 14549《电能质量 公用电网谐波》的规定。谐波电压可用奇偶次谐波电压含有率表征，各次谐波电压含有率按式（6-10）计算。

$$HRU_h = \frac{U_h}{U_1} \qquad (6-10)$$

式中：HRU_h 为各次谐波电压含有率；U_h 为第 h 次谐波电压（均方根值）；U_1 为基波电压（均方根值）。

谐波电压指标评分值可按式（6-11）确定。

$$y = \begin{cases} 100 & HRU_h \leqslant lim \\ 0 & HRU_h > lim \end{cases} \qquad (6-11)$$

式中：lim 为各次谐波电压含有率限值；y 为谐波电压指标评分值。

当分布式电源接入电压等级分别为 380V、10kV、35kV 时，奇次谐波电压含有率限值分别为 4%、3.2%、2.4%；偶次谐波电压含有率限值分别为 2%、1.6%、1.2%；

2．短路电流水平

评价指标为短路电流，其要求为公用电网短路电流不应超过并网线路所属变电站同级开关设备额定短路开断电流。短路电流按式（6-12）计算。

$$I_f = \frac{\sum_{i \in G} E_i}{Z_{fi}} \tag{6-12}$$

式中：I_f 为公共电网节点 f 的短路电流；G 为有源支路的集合；E_i 为第 i 个有源支路的电动势；Z_{fi} 为电动势源 i 对短路点 f 的转移阻抗。

短路电流指标评分值可按式（6-13）确定。

$$y = \begin{cases} 100 & \dfrac{I_f}{I_{\mathrm{Nbr}}} < \varepsilon \\ 500\left(1 - \dfrac{I_f}{I_{\mathrm{Nbr}}}\right) & \varepsilon \leqslant \dfrac{I_f}{I_{\mathrm{Nbr}}} < 100\% \\ 0 & \dfrac{I_f}{I_{\mathrm{Nbr}}} \geqslant 100\% \end{cases} \tag{6-13}$$

式中：I_{Nbr} 为并网线路所属变电站同级开关设备额定短路开断电流。

3．负载水平

（1）消纳能力。消纳能力通过正常方式下从低电压等级向高电压等级电网流经输变电设备的输送功率与设备运行限值的比值来衡量，按式（6-14）计算。

$$\lambda = \frac{P_{\mathrm{D}} - P_{\mathrm{L}}}{S_{\mathrm{e}}} \times 100\% \tag{6-14}$$

式中：λ 为消纳能力；P_{D} 为分布式电源出力；P_{L} 为等效用电负荷，即负荷减去除分布式电源以外的其他电源出力；S_{e} 为变压器或线路实际运行限值。

消纳能力指标评分值可按式（6-15）确定。

$$y = \begin{cases} 100 & \lambda < 0 \\ 100(1 - \lambda) & 0 \leqslant \lambda < 1 \\ 0 & \lambda \geqslant 1 \end{cases} \tag{6-15}$$

式中：y 为消纳能力指标评分值。

（2）线路利用效率。线路利用效率是指正常方式下分布式电源年平均发电预测负荷与并网点电源侧进线线路额定输送容量的比值，按式（6-16）计算。

$$x = \frac{W}{8760 P_{\mathrm{n}}} \times 100\% \tag{6-16}$$

式中：x 为线路利用效率，%；W 为分布式电源年预测发电量，kWh；P_{n} 为分布式电源并网点电源侧进线线路额定输送容量，kW。

线路利用效率指标评分值可按式（6-17）确定。

$$y = \begin{cases} 0 & x \geqslant 100\% \\ 500(1-x) & 80\% \leqslant x < 100\% \\ 100 & 20\% < x < 80\% \\ 500 & x \leqslant 20\% \end{cases} \tag{6-17}$$

式中：y 为消纳能力指标评分值。

4．二次系统

（1）二次系统合规性。评价远动信息是否按要求完整上传，监控系统安全防护是否满足"安全分区、网络专用、横向隔离、纵向认证"的要求，是否配置了防孤岛保护和电压频率控制装置，是否按要求安装电能计量装置。二次系统合规性指标评分值可按式（6-18）计算。

$$y = \begin{cases} 100 & x \text{为是} \\ 0 & x \text{为否} \end{cases} \tag{6-18}$$

式中：y 为二次系统合规性指标评分值；x 为二次系统是否按照要求配置，任意一项不满足配置要求，x 即为否。

（2）通信。系统通信方式主要有光纤双路由、光纤单路由、无线专网、电力线载波、无线公网、无通信六种情况。系统通信方式指标评分值可按式（6-19）计算。

$$y = \begin{cases} 100 & x = 1 \\ 90 & x = 2 \\ 80 & x = 3 \\ 70 & x = 4 \\ 60 & x = 5 \\ 0 & x = 6 \end{cases} \tag{6-19}$$

式中：y 为系统通信方式指标评分值；x 为系统通信方式，1 为光纤双路由，2 为光纤单路由，3 为无线专网，4 为电力线载波，5 为无线公网，6 为无通信。

（3）并网线路继电保护。此处将并网线路继电保护分为纵联差动保护、其他保护、无保护三类。并网线路继电保护指标评分值可按式（6-20）计算。

$$y = \begin{cases} 100 & x=1 \\ 60 & x=2 \\ 0 & x=3 \end{cases} \tag{6-20}$$

式中：y 为并网线路继电保护指标评分值；x 为并网线路的继电保护，1 表示配置纵联差动保护，2 表示配置其他保护，3 表示线路未配置继电保护。

5. 财务费用

（1）投资回收期。投资回收期指以分布式电源项目和配套送出工程项目的净收益回收项目投资所需要的时间，为项目投资现金流量表中累计净现金流由负值变为零的时点，可按式（6-18）计算。

$$P_t = T_a - 1 + \frac{\left| \sum_{t=1}^{T_a-1} (CI-CO)_t \right|}{(CI-CO)_{T_a}} \tag{6-21}$$

式中：P_t 为投资回收期；T_a 为累计净现金流首次出现正值或零的年份数；CI 为现金流入量；CO 为现金流出量；$(CI-CO)_t$ 为第 t 期的净现金流量。

投资回收期指标评分值可按式（6-22）确定。

$$y = \begin{cases} 100 & P_t \leqslant T_s \\ 0 & P_t > T_s \end{cases} \tag{6-22}$$

式中：y 为投资回收期指标评分值；T_s 为期望回收期。

（2）总投资收益率。总投资收益率指分布式电源项目和配套送出工程项目达到设计能力后正常年份息税前利润或运营期内平均息税前利润与项目总投资的比值，表示总投资的盈利水平，按式（6-23）计算。

$$ROI = \frac{EBIT}{TI} \times 100\% \tag{6-23}$$

式中：ROI 为总投资收益率；$EBIT$ 为项目正常年份的年息税前利润或运营期内平

均息税前利润；TI 为项目总投资，为动态投资和生产流动资金之和。

总投资收益率指标评分值可按式（6-24）确定。

$$y = \begin{cases} 100 & ROI \geqslant M \\ 0 & ROI < M_s \end{cases} \tag{6-24}$$

式中：y 为总投资收益率指标评分值；M 为同行业收益率参考值。

6．线损成本

线损是指分布式电源向公共电网输送电能过程中，涉及的并网线路和上一级电源产生的电能损耗。线损电量按式（6-25）计算：

$$W_{\text{loss}} = \sum_{i=1}^{N} \int_0^t I_i^2(t) r_i \mathrm{d}t \tag{6-25}$$

式中：W_{loss} 为分布式电源接入后的线损电量，kWh；T 为统计时间段，h；I_i 为第 i 条并网线路的电流；r_i 为第 i 条并网线路的阻值；N 为并网线路总数量。

线损指标评分值可按式（6-26）确定。

$$y = \begin{cases} 100 & W_{\text{loss}} \leqslant M \\ 100 - 100 \dfrac{P_{\text{loss}} - M}{M_e - M} & M < W_{\text{loss}} \leqslant M_e \\ 0 & W_{\text{loss}} > M_e \end{cases} \tag{6-26}$$

式中：y 为线损指标评分值；M 为分布式电源接入前的线损电量；M_e 为接入地区可承受的最大线损电量，根据各地区实际情况确定。

7．环境效益

单位电量环境效益是指项目通过年可利用小时数估算的分布式电源年发电环境效益与年发电量的比值，反映项目的能源环保性。单位电量环境效益按式（6-27）计算。

$$E_a = \frac{E}{Q} \tag{6-27}$$

式中：E_a 为单位电量环境效益，E 为年发电量环境效益，Q 为年发电量。

环境效益指标评分值可按式（6-28）确定。

$$y = \begin{cases} 100 & x \leq \dfrac{2}{3}M \\ 60 - \dfrac{120}{M}(x-M) & \dfrac{2}{3}M < x \leq M \\ 0 & x > M \end{cases} \qquad (6\text{-}28)$$

式中：x 为分布式电源接入后单位电量环境效益，分/kWh；y 为环境效益指标评分值；M 为分布式电源接入前的单位电量环境效益，为根据环保局公布的污染物环境价值、污染物罚款数量级及火电污染物排放率估算的传统发电环境效益。

二、评价流程

评价流程包括技术可行性评价、经济合理性评价和技术经济综合评价。

1. 分布式电源接入系统方案的技术可行性评价流程

（1）按式（6-29）逐个计算技术评价指标中各二级指标的评分值。

$$M_i = \begin{cases} \displaystyle\sum_{k=1}^{N_i} y_{i,k}\lambda_{i,k} & \forall y_{i,k} > 0 \\ 0 & \exists y_{i,k} = 0 \end{cases} \quad k = 1,2,\cdots,N_i \qquad (6\text{-}29)$$

式中：M_i 为第 i 个二级技术评价指标的评分值；N_i 为第 i 个二级技术评价指标下三级技术评价指标的个数；$y_{i,k}$ 为第 i 个二级技术评价指标下第 k 项三级技术评价指标评分值；$\lambda_{i,k}$ 为第 i 个二级技术评价指标下第 k 项三级技术评价指标权重，根据电网实际情况选取，各指标权重之和应等于 1。

（2）按式（6-30）计算技术评价总评分值。

$$M = \begin{cases} \displaystyle\sum_{i=1}^{n} M_i\lambda_i & \forall M_i > 0 \\ 0 & \exists M_i = 0 \end{cases} \quad i = 1,2,\cdots,n \qquad (6\text{-}30)$$

式中：M 为分布式电源接入系统技术可行性评分值；n 为二级评价指标个数；λ_i 为第 i 个二级评价指标权重，根据电网实际情况选取，各指标权重之和应等于 1。

2. 分布式电源接入系统方案的经济合理性评价流程

（1）参照式（6-29）逐个计算经济评价指标中二级指标评分值。

（2）参照式（6-30）计算经济评价总评分值。

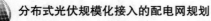

3．分布式电源接入系统方案的技术经济综合评价

按式（6-31）计算分布式电源接入系统方案的技术经济评价综合评分。

$$Z = \mu_1 M + \mu_2 N \qquad (6\text{-}31)$$

式中：Z 为分布式电源接入系统方案的技术经济评价总评分值；M、N 分别为分布式电源接入系统方案技术可行性评分值、经济合理性评分值；μ_1、μ_2 分别为分布式电源接入系统方案的技术、经济评价指标权重，指标权重根据电网实际情况决定，两者之和应等于 1。

三、评价结论

评价结论根据综合得分可分为三级：综合得分 90～100 分，评价结论为"接入方案较优"；综合得分 70～90 分，评价结论为"接入方案中等"；综合得分 70 分以下，评价结论为"接入方案较差"。对于评价结论为"接入方案较差"的，应针对方案中存在的问题提出相应改进措施。

思考题

1．在地区电网内选取供电网格，梳理网格内电网现状，并对网格内的电网结构进行优化。

2．在思考题 1 的基础上，对所选网格及其相邻网格间的网架结构进行优化。

3．简述分布式电源接入方案的适应性评价指标及评价方法，并对地区电网内的分布式电源接入方案进行适应性评价。

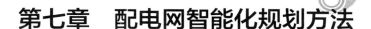

第七章　配电网智能化规划方法

第一节　配电网智能化发展目标与发展模式

一、发展目标

　　牢固树立绿色可持续的发展理念，以建设清洁低碳、安全高效现代能源体系的需求为导向，加强顶层设计和统筹协调，建设"坚强可靠、标准智能、运维高效、服务及时"的智能电网体系，促进清洁能源开发消纳，构建友好开放的互动服务平台，全面提升电力系统智能化水平，建立以互联网理念构建的能源、市场、信息和服务高度融合的新型能源体系架构，推动能源生产和消费方式根本性转变。

二、发展模式

　　未来配电网发展的主题将是安全、可靠、高效、绿色、数字、灵活，且配电网全环节实现智能化、高可靠性，体现为接纳大规模分布式电源、储能装置、微电网，实现区域能源优化，服务能源互联网建设。

　　未来的智能化配电网发展模式将是以智能化、数字化为主要建设目标，重点融合物理实体配电网与数字孪生配电网，利用先进技术提升配电网运营管理和用户服务水平，完成配电网设备状态全感知、数据传输全网络、全域物联全统一、高级业务全应用等任务，最终实现配电网的智能化、数字化管理。

三、指导思想

紧紧围绕统筹推进"五位一体"总体布局和协调推进"四个全面"战略布局，牢固树立绿色可持续的发展理念，坚持统筹规划、先进高效、清洁环保、开放互动、服务民生等基本原则，以建设清洁低碳、安全高效现代能源体系的需求为导向，加强顶层设计和统筹协调，建设"坚强可靠、标准智能、运维高效、服务及时、协同互动"的智能电网体系，促进清洁能源开发消纳，构建友好开放的互动服务平台，全面提升电力系统智能化水平，建立以互联网理念构建的能源、市场、信息和服务高度融合的新型能源体系架构，推动能源生产和消费方式根本性转变。

四、基本原则

1. 背景

传统配电网的规划原则是构建网架清晰、责任明确、规模适度的配电网，安全、可靠、经济地向用户供电。依据规划导则，根据负荷预测结果，结合发电容量进行电力平衡分析，进而确定系统网架，开展变电站选址定容，主要以满足负荷增长需求为导向，并保障安全可靠电能供应，涉及数据收集、负荷预测、电力电量平衡、变电站规划、网架规划、方案评估等主要环节。

随着分布式电源和新型负荷等引入，以及电力市场技术和能源互联网技术的应用，配电网规划业务无论从规划对象、规划目标、规划所考虑的因素还是相应的优化求解方法都亟须调整，以适应新形势下配电网发展需要。

2. 能源互联网基本原则

新形势下的配电网规划不仅应充分利用已有设施，与地区资源禀赋、社会经济发展、城市规划、输电网规划相匹配，还应能够适应能源互联网的发展需求。

根据能源互联网清洁低碳、安全可靠、泛在互联、高效互动、智能开放的主要特征，提出承接能源互联网的配电网五大总体原则。

（1）安全高效原则。网架规模合理、结构坚强，信息网络和数据运行安全，预防事故风险抵御能力和自愈能力强，能源供应稳定可靠。配电网规划要与国土空间规划衔接，预留站址走廊。

（2）绿色低碳原则。坚持生态友好及因地制宜的发展模式，满足分布式新能源、电动车、储能大规模接入需求，助力"双碳"目标和新型电力系统目标的实现。

（3）价值驱动原则。统筹考虑规划投资成本与收益价值之间的关系，构建收益与成本的新模式，决策最佳规划方案。

（4）智慧赋能原则。以互联网技术为手段推动配电网智能化升级，加快互联网技术与能源电力融合，构建智慧能源综合服务体系。

（5）开放共赢原则。向多市场主体开放，适应新模式新业态，允许更多电力服务商进行灵活自由接入，进行能量、数据价值的相互流动。围绕资源增值复用、业务创新赋能、数据共享应用、平台建设运营等方面，积极培育、布局与开拓新业务、新业态、新模式。

3．智能化配电网基本原则

配电网智能化应适应能源互联网发展方向，以实际需求为导向，差异化部署智能终端感知电网多元信息，灵活采用多种通信方式满足信息传输可靠性和实时性，依托统一的企业中台和物联管理平台实现数据融合、开放共享。

（1）配电网智能化原则。配电网智能化应遵循标准化设计原则、统筹协调规划原则、先进适用原则，贯彻资产全寿命周期理念，采用差异化建设策略。

1）标准化设计。遵循国家有关技术标准体系，采用标准化信息模型与接口规范。

2）统筹协调规划。配电终端、通信网应与配电一次网架统筹规划、同步建设。

3）先进适用。选用先进、成熟可靠的技术。对于新技术和新设备，以创新探索、专题试点为基础，以经济性为评价依据，进行研究推广。

4）资产全寿命周期管理。以价值管理为核心，对电网资产的规划设计、采购、建设、运营、维护、检修和更新、退役这一全寿命周期进行综合管理，以实现资产的全寿命周期成本、使用效率和使用寿命的综合最优，提升价值创造能力。

5）差异化建设。以不同供电区域供电可靠性、多元主体接入等实际需求为导向，结合一次网架有序投资。

（2）智能电网发展基本原则。智能电网发展基本原则如下：

1）坚持创新驱动。坚持把创新摆在智能电网发展全局的核心位置，通过支持原始创新、集成创新和在引进消化吸收基础上的再创新，突破一批重点领域关键共性技术。

2）坚持统筹规划。进行电网的产业链升级，统筹规划上、中、下游各个产业，实现智能电网产业的全面协调发展。

3）坚持集散并重。坚持集中式与分布式相结合的能源供应模式，实现能源的大规模生产分配，以及清洁能源的就地消纳。

4）坚持市场导向。适应市场的发展形势要求，让能源消费者积极参与进市场，实现市场资源的灵活互动配置。

5）坚持因地制宜。结合区域特点，进行因地制宜的发展模式探索，寻找地区的可持续能源发展模式，自适应能源地区特点。

6）坚持绿色发展。着力开展绿色制造、绿色分配与绿色消费的发展方式，未来智能电网是一个能源利用率高、绿色可持续发展的网络，是一个综合能源可持续服务商。

第二节 智能化发展路径

一、配电网智能化发展中的信息支撑

配电网智能化发展中的信息支撑能够通过先进控制技术提升间歇性分布式电源的功率和电压控制水平，进而提升分布式电源出力的测量和预测精度。

1. 信息采集感知

加强信息采集感知终端建设，全面提升配电网全景感知能力。重点围绕配电网全环节智能化改造、数字化升级，提升全息感知能力，加强重点区域电气状态、设备状态和环境状态的实时感知，提升可观可控能力和实时交互水平，实现信息全面感知、数据规范统一、设备安全可靠、应用便捷灵活。

信息采集感知主要从能源转换（电力生产）环节终端、能源存储环节终端、能源传输环节终端、能源消费环节终端四个方面考虑。

（1）在能源转换（电力生产）环节终端，充分利用新能源厂站中自动发电控制、自动电压无功控制、相量测量装置、录波、测控、计量等相关终端设备，实现运行信息的采集、测量、保护、控制，完成运行状态的实时监控。

在各电源点配置常规运行控制终端，提高次同步振荡监测等终端配置规模。在新能源场站（风电场、光伏电站等）同步配置测风、测光等终端设备，提高功率预测精度。

（2）在能源存储环节终端，加快能源存储环节监测终端建设部署，推进储能设备内外部参数的全面感知，实现对储能装置电压、电流、输入/输出功率、电量、电能质量等信息的采集和计算。

随储能电池、储能柜或储能站同步配置变流器控制、安全预警、防控等在线监测装置，实现对储能电池电压、电流、输入/输出功率、电量、电能质量等信息的采集。

（3）在能源传输环节终端，持续推进成熟输电线路（含电缆）在线监测装置的应用。推动智能运行控制终端建设，实现变电站重要设备在线监测终端的全覆盖。加快智能巡检技术应用，提升智能巡检终端现场实用化水平。加强配电终端基础设施建设，有力支撑配电网协调控制及多元化负荷接入，提升配电自动化自愈控制水平。

采用配电数据采集与监控（SCADA）技术、高级测量体系（AMI）、电力电子与控制、分布式电源并网技术（DER）等技术，对配电网运行数据进行实时监测、控制，保证配电网运行更加安全高效。

开展新建输电线路（包括架空和电缆）在线监测相关终端设备（视频、图像、导线弧垂、杆塔倾斜、微气象、覆冰、舞动、微风振动、风偏、污秽、雷电监测、电缆局放监测终端等）的同步建设，提升三跨、特殊地形、气候线路、杆塔检测覆盖率，并对运行多年的老旧设备进行升级改造。按照"成熟技术尽快推广、创新技术积极试点、前沿技术重点研究"的原则，逐步建立高压电缆隧道管控信息化、监测立体化、运维智能化的监测体系。试点应用电缆老化、结构沉降、智能消防等前沿技术。

在变电站配置合并单元、智能终端、"合智一体"等终端，实现变电站电压、电流、断路器、隔离开关状态信息等的自动采集和数字化。合并单元、智能终端、"合智一体"等变电站终端设备建设可改变变电站电缆硬接线的局面，降低布线复杂程度，提升变电站数字化水平。

结合设备现状及生产管理需求，开展主变压器等核心重要设备在线监测装置配置或改造，实现重要核心设备状态实时监护，全面提升在线监测质量。

推进配电自动化终端的一二次融合工作，配电一次设备与配电自动化终端采用成套化设计制造，配电开关全面集成配电终端、电流传感器、电压传感器、电能量双向采集模块等，采用标准化接口和一体化设计，便于现场运维检修。根据可靠性需求、网架结构和设备状况，合理选用配电终端类型，大型供电企业所在城市配电自动化终端满足配电网统一模型管理、终端即插即用、数据云同步、App 管理、物联网（IoT）管理等业务需求，挖掘海量采集数据价值，实现能力开放。

（4）能源消费环节终端，按照"全覆盖、全采集、全费控"建设要求，全面深化智能电能表、充电桩采集数据应用，提高用户侧设备在线率。

基于现有计量设备数量和客户数量的自然增长规律，实现新增用户智能电能表全覆盖。对在运智能计量设备进行失准更换或故障更换，对不满足兼容性、可靠性要求的老旧设备逐步进行更换。逐步推广应用新一代智能电能表和模组化终端，实现用电智能采集。

结合地区实际情况，开展"多表合一"建设。持续推进电、水、气、热多表合一采集应用运营，推广应用多表合一采集技术，积极推进新建楼宇多表合一采集应用。

随充电桩同步配置充电桩监测单元，采集电动汽车充电设施状态，并上传至车联网平台，实现充电设施智能安全、互联互通、统一管理，提升充换电设施智能化、互动化服务能力，推动形成全面覆盖公司经营区域的智能充换电服务网络。

在电力大客户推广应用负荷控制终端，实现对负荷资源的分类、分级、分区域管理，提高大电网故障应急响应能力，进一步提升精准负荷控制系统智能化水平与控制能力，实现与电力需求响应管理系统的协调互动，促进电力供需平衡和节能减排。

在综合能源站部署综合能源站终端，实现对电、水、气等信息的采集，实现对电力、燃气、水等能源介质的综合监测，支撑用能监控与分析、电能质量管理、线损计算等业务应用。

2．配电网智能终端

配电网智能终端应按照差异化原则逐步覆盖配电站室、配电线路、分布式电源及电动汽车充电桩等配用电设备，以采集配电网设备运行状态、电能计量、环境监测等各类数据。

配电自动化终端宜按照监控对象分为站所终端（DTU）、馈线终端（FTU）、故障指示器等，实现"三遥""二遥"等功能。配电自动化终端配置原则应满足DL/T 5542《配电网规划设计规程》、DL/T 5729《配电网规划设计技术导则》的要求，宜按照供电安全准则及故障处理模式合理配置，配电自动化终端配置方式见表7-1。

表 7-1　　　　　　　　　　　配电自动化终端配置方式

供电区域类型	终端配置方式
A+	"三遥"为主
A	"三遥"或"二遥"
B	"二遥"为主，联络断路器和特别重要的分段断路器也可配置"三遥"
C	"二遥"为主，如确有必要经论证后可采用少量"三遥"
D	"二遥"
E	"二遥"

智能电能表作为用户电能计量的智能终端，宜具备停电信息主动上送功能，可具备电能质量监测功能。接入10kV及以上电压等级的分布式电源、储能设施、电动汽车充换电设施的信息采集应遵循GB/T 33593《分布式电源并网技术要求》、GB/T 36547《电化学储能系统接入电网技术规定》、GB 50966《电动汽车充电站设计规范》的规定，并将相关信息上送至相应业务系统。

二、配电网智能化发展中的电网通信

配电网通信网主要承载配电自动化、用电信息采集、分布式电源、配电设备/环境状态监测等配电业务。终端通信接入网遵循"有线与无线结合、专网与公网结合，专业统筹、通道共享，因地制宜、安全可靠"的总体原则，终端通信接入可结合实际情况选择光纤专网、无线网络、卫星通信等技术体制，在满足配电自动化业务需求的前提下，充分考虑综合业务应用需求和通信技术发展趋势，做到统筹兼顾、适度超前。

光纤专网采用以太网无源光网络（EPON）技术体制建设，按照"多业务共用"的原则，EPON 光纤通信接入网统筹配电、用电业务需求，将位于生产控制大区的配电自动化业务和位于管理信息大区的用电信息采集业务接入同一 EPON 光纤通信接入网。光缆结构具备条件的，EPON 组网采用 Type-D（双站"手拉手"）或 Type-C（单站"手拉手"）"手拉手"结构，形成通道自愈保护。光缆为末端单链结构的，EPON 采用星形组网。配电自动化业务架空线路首选 Type-D 和 Type-C，管道线路宜选用 Type-D 和星形。EPON 典型组网结构如图 7-1 所示。

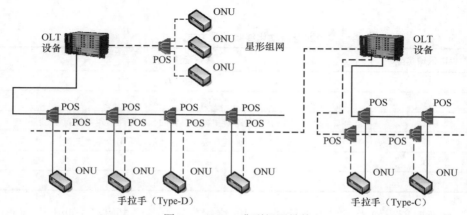

图 7-1　EPON 典型组网结构

注　POS：配电自动化。

配电网通信网分为骨干层和接入层两部分，其中骨干层由调度数据网设备和分组传送网（PTN）光传输设备组成，接入层由 EPON 设备组成。EPON 光传输系统包含光网络单元（ONU）设备和光线路终端（OLT）设备，配电终端的"三遥"信息通过 ONU 设备经 OLT 设备汇聚后，由调度数据网上传配电自动化主站。在 A 类供电区域优先使用光缆通信方式，对于"二遥"终端或施工存在特殊困难和限制地区以无线公网作为补充。

随着近期 5G 网络的快速推进和发展，其大带宽、低时延、高可靠、高安全性等性能为电力配电网业务的信息通信提供了新模式和解决方案，可以作为电力光纤专线接入网的有效补充，共同形成能源互联网的基础信息通信平台，以支撑配电网业务的发展，5G 承载配电自动化的结构网络如图 7-2 所示。业务终端方面，通过内嵌 5G 模组和外置客户终端设备（CPE）方式对配电业务终端进行升级改造；网络切片方面，以运营商 5G 网络为依托，通过部分公网资源的独享专用，并充分利用电力专网资源，实现电力与运营商 5G 的融合组网；管理平台方面，建设电力 5G 网络综合管理平台，将行业用户从被动的网络使用者转变为主动的网络运维管理者，保障业务安全稳定高效运行。

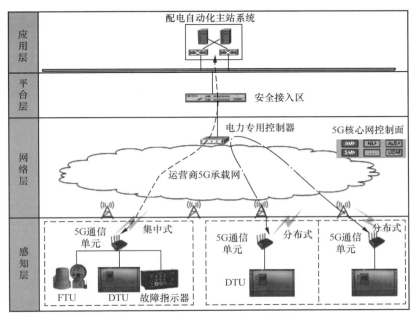

图 7-2　5G 承载配电自动化的结构网络

B 类及以下供电区域优先采用无线公网通信方式，通过配置 5G 模组或 CPE 终端实现配电网终端的通信接入，组网灵活，符合配电网终端安装部署、实时监控和运维管理的特点。

110～35kV 配电网通信网属于骨干通信网，应采用光纤通信方式；中压配电网通信接入网可灵活采用多种通信方式，满足海量终端数据传输的可靠性和实时性，以及配电网络多样性、数据资源高速同步等方面需求，支撑终端远程通信与业务应用。

配电网规划应同步考虑通信网络规划。应根据中压配电网的业务性能需求、技术经济效益、环境和实施难度等因素，选择适宜的通信方式（光纤、无线、载波通信等)构建终端远程通信通道。当中压配电网通信网采用以太网无源光网络(EPON)、千兆无源光网络(GPON)或工业以太网等技术组网时,应使用独立纤芯。

综上所述,配电网通信网宜符合以下技术原则:

(1)110(66)kV变电站和B类及以上供电区域的35kV变电站应具备至少2条光缆路由,具备条件时采用环形或网状组网。

(2)中压配电网通信接入网若需采用光纤通信方式的,应与一次网架同步建设。其中,工业以太网宜采用环形组网方式,以太网无源光网络(EPON)宜采用"手拉手"保护方式。

三、配电网智能化发展中的价值创造

1. 深耕传统价值

(1)供电服务方面。全方位、一站式响应人民群众的各类用能服务需求,不断完善居民和企业用能业务全程线上办理,开展停电信息主动通知、可视化抢修等主动服务,缴费等全过程在线透明,提升客户用能体验。持续开展传统电网数字化改造,提升电网的感知能力、互动水平、运行效率和自愈能力,使设备管理更高效、调度控制更灵活、供电质量更优质、电网运行更安全。

(2)社会责任方面。践行"人民电业为人民"的宗旨,开展各类能源电力数据汇集分析,为企业和政府提供电力大数据服务,让其更直观全面地了解用能等运行情况,为其精准施策、科学调控提供支撑;通过资源优化配置,促进送端地区发挥资源禀赋优势、获取经济效益,并使受端地区获得充足电力供应,避免缺电影响经济发展,从而实现区域经济协调发展,解决发展不平衡不充分等关键问题。

2. 开拓新兴价值

(1)电动汽车业务。继续开展电动汽车业务,扩展充换电市场,提升占有率,在充分分析投资回报预期的基础上积极布局充电设施,完善充电网络体系建设,对公司内部充电桩资源实施统一规划建设和运营,提升充电桩精益化管理和专业运维能力,降低运维成本,提升盈利能力。

利用车联网平台,实现企业大用户、车辆、属地平台等资源灵活接入,提高定制服务能力。推进充电桩互联互通，打通产业链上下游资源，提供延伸增值服务，提升公共农服务能力、平台开放能力、电网互动能力。

（2）深化与其他企业合作。深化与电信运营商、互联网企业的合作，利用电力基础资源分布广的特点，发挥变电站、电力杆塔、通信光纤、管廊沟道的资源价值，实现基础资源的共享和复用，构建包括政府、电力企业、电信运营商、互联网企业等多类型主体的信息通信产业链。

（3）提升综合能源服务。聚集综合能源服务产业资源，促进综合能源服务业务创新发展，充分发挥智慧能源平台优势，赋能综合能源服务相关方，构建内容丰富、互惠互利的智慧能源产业生态圈。为能源供应企业、能源运营和服务企业、能源设备企业、模式创新创业企业及终端用户、政府等各类机构等提供综合能源服务相关支撑服务。

第三节　配电网智能化发展关键技术及配套设备

以"构建稳定可靠配电网"为价值导向，以建成"安全、可靠、绿色、高效"智能配电网为目标，以"一切业务数字化、一切数据业务化"为原则，利用传感技术、通信技术、云计算、大数据、物联网、移动互联网、智慧城市等"云大物移智"先进技术，在智能装备、智能传输、智能运检、智能分析平台、重大技术支撑平台等五大关键领域，解决"停电在哪里、负荷在哪里、低电压在哪里、风险在哪里、线损在哪里"五个关键问题，实现智能化、数字化配电网的运行透明、管理透明和精准客服，配电网智能化关键技术路线如图7-3所示。

配电网智能化应围绕智能配电网的设备感知层、数据网络层、业务平台层、高级分析应用层，通过对设备感知数据获取、智能网络传输、电网运检业务、高级业务分析、重大技术支撑平台等的研究和深化应用，实现配电网的可观、可测、可控、智能分析及决策。

一、电源侧关键技术

1. 可再生能源发电方面

（1）可再生能源发电实时态势预测技术。随着可再生电源并网容量的不断增加，其间歇性、随机性给电力系统调度运行带来的风险和对电能质量的影响越发明显。态势预测技术能够对可再生能源发电功率进行准确迅速的预测，使电力调度员预测并模拟未来电网运行轨迹，以灵活应对未来电网运行状态的变化，保证电力系统的稳定运行和供电可靠性。

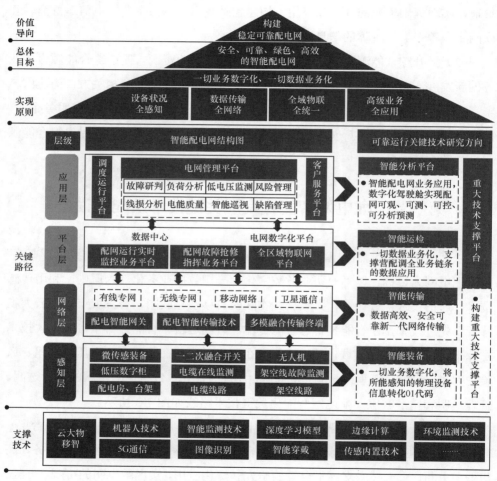

图 7-3 配电网智能化关键技术路线

（2）可再生能源发电主动支撑控制技术。在处理可再生能源发电的间歇性和随机性带来的功率双向流动、电压波动加大、电能质量问题突出等负面问题时，需要采用可再生能源发电主动支撑控制技术，对配电网中的可再生能源发电单元进行主动规划设计与支撑控制，及时调整可再生能源发电单元的发电能力、发电区域、发电接入点及消纳能力，保障区域内可再生能源发电的经济、高效、安全并网。

（3）可再生能源虚拟同步控制技术。未来的电力系统在采用虚拟同步机技术后，发电设备和负荷能够通过内在的同步机制自主交互，在不需要人工调节的情况下实现系统的稳定运行，使未来电力系统的发展更加灵活，虚拟同步机技术可以很好地解决分布式电源与电网的兼容性问题，有助于高渗透率分布式能源的接入。

2．可再生能源调度运行方面

（1）可再生能源并网仿真技术。可再生能源发电并网仿真技术主要应用于可再生能源发电机组/可再生能源发电场建模，针对区域电网对可再生能源发电的适应性研究、并网规划、运行经济性等问题进行研究；可再生能源发电功率预测技术广泛应用于各可再生能源发电场，可再生能源具有天然的间歇性和随机性，对配电网电压质量与网损等指标的准确分析提出了新的挑战与要求，亟须发展新兴的精准测量与量测技术。

（2）大规模可再生能源发电联合调频调峰控制技术。针对传统电力系统机组备用容量不足或线路发生故障导致备用电力难以输送到指定负荷区域的情形，可采用大规模可再生能源发电联合调频调峰控制技术来提高系统的调频调峰能力，保证系统的频率稳定和功率平衡。

（3）可再生能源发电随机优化调度技术。随机优化调度技术常用于解决受多种变量影响导致求解问题存在较多可能解的情况，在电力系统中存在广泛的应用场景。从时间尺度上看，可再生能源发电随机优化调度可分为小时级/分钟级随机优化调度和日前随机优化调度。其中，小时级/分钟级随机优化调度的调度周期一般为 15min～1h，通常以最优潮流调度方法和网络重构方法为主；日前随机优化调度的调度周期一般为 1 天（24h），主要包括电力市场环境下的日前随机优化调度和传统垂直管理体制下的日前随机优化调度两类模式。

3．多能源协调方面

主要技术为风光储优化互补协同控制和优化调度技术，多能互补系统利用风、光资源的互补特性，以跟踪调度曲线为输出目标，最终实现风光储的合理配置。合理配置风光储的容量，既可提高互补系统跟踪调度曲线的能力，又能获得较好的经济效益。

二、电网侧关键技术

1. 柔性直流电网技术

（1）柔性直流电网建模与仿真技术。我国关于柔性直流电网的研究还处于起步阶段，而且柔性直流电网的工程应用时间较短，缺乏相应的运行经验。采用柔性直流电网建模与仿真技术，模拟柔性直流电网的运行过程，对于保证柔性直流电网安全可靠运行、发挥其运行方便灵活等优势具有重要意义。

（2）柔性直流电网控制与保护技术。柔性直流电网中含有不同电压等级的配电母线、形式多样的分布式电源、储能装置、微电网及交直流负载，其形态、运行方式与传统交流电网存在较大不同。考虑到柔性直流电网需要和交流大电网进行连接并产生功率交换的应用需求，为保证其安全可靠运行，需要研究相关的控制方法和保护配置方案。

2. 柔性交流输电技术

（1）特高压统一潮流控制器技术。我国能源生产与消费呈逆向分布，电力生产资源分布不均衡，用于火力发电的煤炭资源主要分布在西北部，水力发电资源主要分布在西南部，能源消费则主要集中在东部地区。积极发展灵活可靠的电能协调控制技术是解决该类分布不均衡问题的可行方法，为特高压统一潮流控制器（unified power flow controller，UPFC）技术在我国电网的应用提供了良好契机。

（2）超高压柔性环网控制器关键技术。超高压柔性环网控制器未来发展面临的挑战与要求主要是核心器件电压源型换流器的材料发生本质改变。目前直流断路器还处于研究完善阶段，待其技术成熟后，也可通过部署采用柔性输电技术的交直流混联系统改善远距离大容量输电系统的技术特性。

3. 适应多能互联的智能配电网技术

（1）主动配电网分析与协调控制技术。主动配电网分析与协调控制技术未来的发展方向主要有主动配电网形态演变与管控方式研究，分布式电源消纳能力的分析评估技术研究，考虑大规模分布式电源与调节性资源接入的配电网优化运行与评估技术研究，主动配电网智能分析、保护控制与主动管理技术研究，电力市场机制下主动配电网供需互动及负荷侧响应管理技术研究。

（2）直流配电网关键技术。直流配电网关键技术及相关内容主要有直流配电网系统建模与仿真技术、直流配电网供电模式与运行特性研究，直流电网设计、运行、控制相关技术规范与标准的研究制订，直流配电网关键设备及运行管理技术，直流配电网故障机理及其保护控制关键技术，交直流混合配电网潮流优化控制和能量调度技术，交直流混合配电网电能质量治理关键技术。

（3）弹性配电网构建技术。为了提高配电网应对光伏发电、风电等强波动性分布式电源、电动汽车、电力机车等冲击性负荷的接纳能力，以及应对配电网在面临地震、台风、冰雪等严重灾变时的恢复能力，需要对柔性资源优化配置和优化调度技术、弹性配电网评估理论体系和评价方法等开展研究，从规划、运行等方面提高配电网弹性。

三、用户侧关键技术

1. 需求侧响应技术

建立需求侧响应成本补偿机制和激励机制。需求侧响应技术作为一种有效的营销工具，能够引导电力用户根据系统需要调整用电行为，实现用户与智能电网的友好互动，让广大能源消费者积极主动地参与进来，推动电网的协调有序发展。

2. 电能替代技术

电能替代技术能够有效支撑智能电网的绿色可持续发展，如以电代油、大力推广普及电动汽车，实现清洁能源的灵活替代；推广煤改电技术应用，减少化石能源的燃烧，降低污染指数，具有显著的环保和经济效益。电能替代技术有助于消纳电网清洁能源，是深入推进能源转型革命的重要技术途径，符合国家的能源发展策略。

3. "互联网+"电力营销融合服务技术

目前基于"互联网+"的电力营销移动服务覆盖面还不够广，有些业务无法通过移动作业平台来支撑，下一步需要不断提升"互联网+"电力营销融合服务技术水平，全面支撑电力营销业务的移动作业需求。

四、储能方面关键技术

2021年7月23日，国家发展改革委、国家能源局发布了最新储能政策《关于加快推动新型储能发展的指导意见》（发改能源规〔2021〕1051号）（简称《指导意见》）。《指导意见》提出，主要目标是到2025年，实现新型储能从商业化初期向规模化发展转变，装机规模达3000万kW（30GW）以上；到2030年，实现新型储能全面市场化发展。

1. 储能本体技术

（1）电化学储能。2030年前，研发更高化学稳定性、更高能量密度的正负极材料，研究基于全固态电解质的新型锂离子电池体系，实现电池的安全性、循环次数和能量密度明显提高；研发成本更加低廉的非锂系电化学电池，拓宽电池材料的选择范围；电池安全性能大幅提高，循环次数提升至10000～15000次，能量密度提升至200～250Wh/kg，系统建设成本降至100～150美元/kWh，实现百兆级储能系统的规模应用。2050年前，研发采用新型电极材料、全新体系结构的锂硫、金属空气等新型电池，电池安全问题得到有效解决，各项技术指标进一步提升。

（2）压缩空气储能。2035年前，研究适用于深冷液化空气储能的宽范围、高温离心压缩机，研发高压高速级间再热式透平，纳微结构复合储热蓄冷材料，系统效率提升至50%～65%，基于洞穴的大规模压缩空气储能将成为中长期储能的可选技术。2050年前，研究等温压缩、等压压缩等新体系下的空气储能技术，探索利用其他工质的气体压缩储能技术，系统效率达到70%并趋于稳定，基于洞穴的压缩空气储能将成为重要的中长期储能技术。

（3）储热技术。2035年前，突破700℃及以上熔融盐显热储热技术，储热密度相比目前提高30%，储热效率提高到92%以上，电-热-电转化效率达到60%，成本降至15美元/kWh以下，实现百兆瓦级高温热储能电站在电力系统中的示范应用；研发600℃及以上相变储热技术，相变储热技术在清洁电力供热和移动储热等场景中得到广泛应用。2050年前，攻克1000℃陶瓷显热储热技术，储热密度相比目前熔融盐储热系统提高50%，电-热-电转化效率达到65%以上，储热成本将低于10美元/kWh，实现吉瓦级高温热储能电站在电力系统中的示范应用；化学储热在跨季节储热、移动储热等领域初步实现示范性应用。

（4）氢储能技术。2035年前，研发长寿命、抗衰减电极材料的高温固体氧化物电堆技术；研发低熔点、高沸点和低脱氢温度的液体有机物储氢技术；研发高储氢密度、低成本的新型金属储氢材料；研究纯氢或高比例氢与天然气混输管道设计、制造技术；研究新型燃料电池技术，提高用氢效率。氢储能系统效率达到 40%～50%，储氢密度超过 15mol/L，成本降至 5～8 美元/kWh，逐步成为主流的中长期储能技术。2050 年前，研发高储氢密度、高稳定性的储氢材料，实现有机液体和金属储氢等新型储氢技术的实用化；高效率、低成本燃料电池技术获得广泛应用。氢储能系统效率达到近 60%，储氢密度超过 30mol/L，成本降至 3～4 美元/kWh，氢储能作为一种成熟的中长期储能技术，应用到能源领域的各个方面。

2．系统集成技术

系统集成将向转换更高效、安全性更高、可靠性更佳、模块化设计更完善的方向发展。研发电池储能系统通用化模块与系统设计方法，系统安全消防技术，动力电池梯次利用集成技术，不同类型储能联合系统的设计与集成技术和基于新型电力电子器件和拓扑结构的能量转换技术等。

3．应用规划技术

研究储能总体需求评估方法，研究储能与新能源发展统筹规划技术，储能在电网中的广域优化布局方法，储能参与电力系统各种应用的仿真分析及规划配置技术，多种类电力市场交易环境下储能的选型配置方法，跨能源品种的广义储能需求评估和优化配置方法。

4．运行控制技术

运行控制将向信息高度融合和智能优化控制方向发展，重点研究大规模储能系统测控技术，广域布局的储能与可再生能源发电等电源间的协调运行控制技术，大容量多类型储能在调峰、调频、紧急功率支撑等能源互联网场景下的多时间尺度多目标协调控制技术，电动汽车等分布式储能资源的去中心化聚合策略和高效协同控制技术等。

5．储能系统综合评估技术

在储能标准方面，按照储能的不同形式，研究细化现有电化学储能和新型储能系统的相关技术标准；在储能系统评价方面，研究储能本体、并网检测和综合性能评估技术，研究能源互联网框架下储能应用的安全风险及综合评估技术，研究基于海量数据的大规模储能电站状态分析与综合评估技术等。

五、其他控制与信息方面关键技术

1. 自愈控制技术

智能配电网自愈控制可以通过先进的数学和控制理论，构建起配电网在故障扰动区和检修维护区的自动判定算法，在经济评价、用户服务评价和稳定性评价等相关指标体系下，对配电网的实际运行状态进行评定，并预测可能出现的各种隐患。随后针对相应区域执行控制方案，以此来帮助配电网实现优化运行，实现自愈控制的目的，最终满足清洁环保、灵活互动的供电要求。另外，要想实现配电网自愈与优化控制，则必须要符合以下几点要求。

（1）具备不同种类的智能化开关设备和智能化配电终端设备。配电网中的智能开关性能较强，同时还具有在线监测、功能自适应、自我诊断和免维护等功能，可以提供高效的网络远程接口。配电终端设备具有自我检测与识别功能，能够持续提供电源，满足户外工作环境和电磁兼容性的各种要求，在此基础上也能够支持不同的通信方式与协议，其本身就拥有远程维护和自我诊断功能。

（2）智能配电网要实现彼此互相联系的供电模式，要兼容分布式发电，并可以灵活调度。网架结构要具有可靠性和灵活性，不仅可以在正常运行状态下对结构进行优化，同时能够在故障控制中进行快速重构。

（3）可靠的通信网络。智能配电网优化功能与自愈功能都是通过控制并调配中心后台，实现连续分析和远程遥控。配电网通信网络必须要安全可靠，同时，通信时延要更短，并增强信息处理能力。

2. 数据仓库技术

在智能配电网环境中，电力数据通常存在多个分散的数据源，且数据类型不统一。如何从海量数据中提取出更有价值的信息，为电网稳定运行提供更好的决策要求，是配电网实现智能化的重要条件。数据仓库（ETL）技术是数据处理过程中的常用技术，具体包括以下三方面。

（1）数据抽取（extract）：从系统数据源中抽取出有价值的数据信息。

（2）数据转换（transform）：将抽取后的数据信息作为主要目标，根据相关要求将数据转化为另一种形式。在此期间，需要对数据源中出现的错误数据进行有效处理，做好数据加工。

（3）数据加载（load）：在数据完成清洗和加工之后，需要对其进行加载处理，随后保存于数据源系统中，即对数据进行科学集成化处理，为智能配电网的稳定运行提供可靠支持。

3．仿真与模拟技术

配电网仿真与模拟（DFSM）技术是配电网实现自愈的关键工具，包括自适应保护、故障定位和无功控制等功能，仿真工具包括配电网状态评估、电网动态安全评估、负荷预测等，建模工具包括设备模型、负荷模型、发电模型等。DFSM技术可以在实时软件平台的基础上，利用数学分析工具和预测技术，结合配电网的物理结构和运行状态，对其精确状态进行优化，提前预测配电网中包含的潜在事件，为系统运行人员提供最佳决策服务，最终实现配电网自愈。

4．高级测量系统技术

高级测量系统（AMI）属于自动抄表技术（AMR）的升级延伸，不仅包含AMR的所有功能，同时拥有很多高级别应用，具体有以下几方面特点：

（1）可以实现测量数据的双向通信，用于停电报告、通信服务连接与切断，以及在线读取等先进功能。

（2）可以使测量点在 AMI 的网络上完成自主登记与注册。另外在网络通信出现问题之后，AMI 网络可以自动完成重构，并在最短时间内恢复通信。

（3）AMI 与电力公司的清算系统和其他高级应用系统可以实现内部互相连通。最典型的 AMI 由智能表计、回程传输单元和量测数据管理系统构成，将 AMI与配电网管理系统结合在一起，可以有效提高电网运行效率，实现对现有资源的优化配置。

六、智能设备

1．自感、自适应、自控智能设备

（1）发展方向。自感、自适应、自控智能设备能够减少对人工干预的依赖，提升自身可靠性能，减少故障处理成本，从而实现快速恢复供电。其未来发展方向是"数字化、集成化、标准化、模块化"，在满足安全性和可靠性等更高性能的基础上，具有智能化等更多扩展功能。

（2）实施路径。实施路径主要分为自我感知运行状态智能设备、自适应智能设备、可自控智能设备、高通用性智能设备等四个方向。

1）自我感知运行状态智能设备通过内置传感器可从源头提升配电网装备自我感知、自我检测的智能化水平，如在配电网变电柜、开关柜、配电柜中内置视频监测摄像头及温度、湿度探测传感器等装置。

2）自适应智能设备的主要特征是具有对配电系统变化的自适应功能，包括智能调整电压、智能调整容量和中低压智能无功补偿，其能解决配电系统对电压调节、设备容量及无功补偿的差异化要求。

3）可自控智能设备具有自控、自愈功能，是在异常故障情况下可自动隔离故障、自动动作调节运行工况、自动恢复运行的智能设备，包括具有自愈功能的重合器、开断器、智能配电终端，能实现馈线自动化功能，也包括开展一、二次融合，智能分布式可自控的配电自动化设备。

4）高通用性智能设备的主要特征是同类设备、模块之间的高可互换性，可显著降低设备检修维护成本和工作复杂性。

2．基于5G的新一代智能传输

（1）发展方向。基于5G的新一代智能传输是指通过5G、有线和无线传输技术实现数据传输全网络化，对基于物联网对配电网生产运行的空间和时间维度的所有信息进行采集、获取和传输，实现对配电网运行状态监测数据的全覆盖收集和传输。

（2）实施路径。实施路径主要分为配电网智能传输技术、配电网智能网关、多模融合配电传输终端等方向。

1）在配电网智能传输技术方面，基于5G、有线和无线传输技术，研发满足高实时性和可靠性要求的新一代智能配电网传输技术。

2）在配电网智能网关方面，研发体积小、智能化、移动灵活的基于有线、无线、5G技术的新一代智能网关。

3）在多模融合配电传输终端方面，在研发具有自感、自适应、自控等智能装备的同时，融合基于5G、有线、无线数据传输技术研发一体化、多模融合的配电智能终端。

3．基于智能装备的智能运检

（1）发展方向。基于智能装备的智能运检是指在配电网实时监视、机器巡视、人工巡视、检修操作、带电作业等方面充分利用智能装备，实现提高作业效率、提升作业质量、降低作业风险等目标。

（2）实施路径。实施路径主要分为智能化监测装备、智能化巡视装备、智能化检修装备、智能作业辅助装备。

1）开展配电房、台区、管廊在线状态监测备应用，实现对配电变压器电压、负荷和温度监测，开关柜 SF_6 气体监测，配电室水浸、门禁、红外及视频监测等量测应用。

2）利用无人机、智能巡视机器人等智能装备，加大配电网架空线路无人机巡视比例，通过人工智能数据分析实现对巡视结果的智能判断和分级推送。

3）加大基于虚拟现实（VR）、增强现实（AR）和人工智能（AI）等技术的智能辅助检修方法的研究力度。利用机器人或机器装置开展重复性工作辅助，推动检修工作少人化，减轻检修工作劳动强度；在高危复杂环境检修时增加应用检修作业机器人，加大高空检修作业、管道电缆检修、带电清扫、变压器内部检修机器人的研究和应用力度。

4）利用机器人开展高危险、高强度、高难度作业，从根源上消除作业人员人身安全风险，并利用 AR、设备仿真、智能穿戴等装备技术辅助降低作业风险。

4．基于大数据的智能分析平台

（1）发展方向。研究配电设备故障风险隐患的演变规律；研究基于配电网实时数据分析设备状态及停电故障的快速精确判断技术；研究大数据挖掘与人工智能在智能配电网可靠性评价、运行状态评估、负荷预测分析等方面的应用；研究配电实时仿真与在线决策技术的应用，为配电网规划设计、生产运行、客户服务提供精准分析服务。

（2）实施路径。实施路径包括配电网管理高级分析、智能图像识别技术、环境灾害预警技术、设备状态趋势预测和数字孪生仿真技术。

1）通过融合配电房、台区、管廊各类设备在线监测、离线检测、运行工况、巡视维护、移动终端等数据，利用深度学习、云计算与大数据分析技术全面开展设备态势感知分析，实现对配电网管理的高级分析。

2）建立图像典型缺陷样本数据库，利用人巡、机巡等方式，不断积累配电网设备在可见光、红外光的图像等非结构化数据，构建配电设备图像典型缺陷样本库；研究智能图像识别机器学习平台，利用各类缺陷不同图像特点，强化机器学习能力和识别能力，提高对各类典型缺陷智能图像识别与判断的实用化水平。

3）推进气象、雷电、覆冰、山火、台风监测系统建设，结合现场巡检、在线监测、自动气象站的多维数据，通过多系统海量数据的融合，实现对配电网设备在复杂环境下的全面评估，提升配电网通道环境预测预警精度，促进配电网通道运维管理智能化升级。

4）应用国内外设备状态评价模型和大数据分析软件，构建基于大数据的设备状态趋势预测模型和配电网数字孪生仿真技术平台，提高配电网设备状态评价及趋势预测的智能化水平。

5．重大技术支撑平台

重大技术支撑平台包括构建配电网试验平台、配电网关键复合材料检测试验平台和配电网设备品类检测平台。

通过拓宽在新能源接入配电网、电能质量治理、复合材料特性测试等新技术方面的研究，为新技术、新方法验证测试提供试验手段；配电网关键复合材料检测试验平台主要研究配电网复合材料的电气、防雷、力学、防腐相关特性，为复合材料在配电网应用提供技术支撑；配电网设备品类检测平台主要是开展配电关键设备功能与性能测试、可靠性测试，为配电设备品类优化提供技术保障。

第四节　适应源–网–荷–储协调发展的智能化配电网规划研究

一、适应源–网–荷–储协调发展的智能化配电网规划模型

1．源–网–荷–储协调优化模式与技术

从传统意义上讲，源–网–荷–储协调优化模式与技术是指电源、电网、负荷与储能4部分通过多种交互手段，更经济、高效、安全地提高电力系统的功率动态平衡能力，实现能源资源最大化利用的运行模式和技术，主要包含以下几个方面。

（1）源–源互补。源–源互补强调不同电源之间的有效协调互补，通过灵活发电资源与清洁能源之间的协调互补，克服清洁能源发电出力受环境和气象因素影响而产生的随机性、波动性问题，形成多能聚合的能源供应体系。

（2）源-网协调。源-网协调要求提高电网对多样化电源的接纳能力，利用先进调控技术将分散式和集中式的能源供应进行优化组合，突出不同组合之间的互补协调性，发挥微网与智能配电网技术的缓冲作用，降低接纳新能源电力给电网安全稳定运行带来的不利影响。

（3）网-荷-储互动。网-荷-储互动要求把需求侧资源的定义扩大化，将储能、分布式电源视为广义的需求侧资源，从而将其与供应侧对等地参与到系统调控运行中，引导需求侧主动追寻可再生能源出力波动，配合储能资源的有序（智能）充放电，增强系统接纳新能源的能力，实现减弃增效。

作为能源互联网的核心和纽带，配电网的源-网-荷-储协调优化模式能够更为广泛地应用于整个能源行业，与能源互联网的技术和体制相结合，形成整个能源系统的协调优化运营模式。

2. 源-网-荷-储协调优化新发展

在能源互联网背景下，源-网-荷-储协调优化有了更深层次的含义："源"包括石油、电力、天然气等多种能源资源；"网"包括电网、石油管网、供热网等多种资源网络；"荷"不仅包括电力负荷，还有用户的多种能源需求；"储"则主要指能源资源的多种仓储设施及储备方法。具体来讲，主要包含以下两个方面。

（1）横向多源互补。横向多源互补由电力系统的源-源互补理念衍生而来，指电力系统、石油系统、供热系统、天然气供应系统等多种能源资源之间的互补协调，突出强调各类能源之间的"可替代性"，用户不仅可以在其中任意选择不同能源，也可自由选择能源资源的取用方式。

（2）纵向源网荷储协调。纵向源网荷储协调由电力系统的源-网协调和网-荷-储互动理念衍生而来，主要指以下两点：一是通过多种能量的转换技术以及信息流、能量流交互技术，实现能源资源的开发利用和资源运输网络、能量传输网络之间的相互协调；二是将用户的多种用能需求统一为整体，使电力需求侧管理进一步扩大化成为"综合用能管理"，将广义的需求侧资源在促进清洁能源消纳、保证系统安全稳定运行方面的作用进一步放大化。

本节以配电网规划为研究对象，充分考虑源网荷储各环节之间的协同，对配电网的线路容量和储能进行优化决策，并对规划模型和算例仿真进行分析。

3．模型目标函数

适应源-网-荷-储协调发展的智能化配电网规划模型，以系统的年度总成本最小为目标函数。年度总成本为年度投资成本、年度运行成本、年度弃风成本之和，其中，年度投资成本包括线路投资成本和储能投资成本，年度运行成本包含上级电网的购电成本、分布式电源运行成本和储能运行成本，年度弃风成本包含风电场弃风减少的售电收入以及需求响应成本。具体目标函数如下

$$\min\left(C_{\text{line}} + C_{\text{ess}} + C_{\text{ope}} + C_{\text{w-cut}} + C_{\text{load}}\right) \tag{7-1}$$

$$C_{\text{line}} = R_l \sum_{l \in N_{\text{L+}}} c_l \mathrm{x}_l \tag{7-2}$$

$$C_{\text{ess}} = R_{\text{e}}(1 + R_{\text{om}})c_{\text{fit}}^{\text{ess}} \tag{7-3}$$

$$R_l = \frac{d(1+d)^{y_l}}{(1+d)^{y_l}-1}, \quad R_{\text{e}} = \frac{d(1+d)^{y_{\text{e}}}}{(1+d)^{y_{\text{e}}}-1} \tag{7-4}$$

$$c_{\text{fit}}^{\text{ess}} = \sum_{i \in \Omega_{\text{bus}}} \sum_{e \in N_{\text{ess}}} (c_{\text{power}}P_{i,e}^{\text{rated}} + c_{\text{capacity}}S_{i,e}^{\text{rated}})x_{i,e} \tag{7-5}$$

$$C_{\text{ope}} = \sum_{s=1}^{N_s} \rho_s \sum_{t \in N_{\text{T}}} \left[\sum_{g \in N_g} (a_{\text{n}}P_{s,g,t}^2 + b_{\text{n}}P_{s,g,t} + c_{\text{n}}) + c_{\text{ope}}^{\text{ess}} \sum_{i \in \Omega_{\text{bus}}} (P_{s,i,t}^{\text{dc}} - P_{s,i,t}^{\text{ch}}) \right] \tag{7-6}$$

$$C_{\text{w-cut}} = \sum_{s=1}^{N_s} \rho_s \sum_{t \in N_{\text{T}}} \sum_{i \in \Omega_{\text{bus}}} \sum_{w \in N_{\text{wind}}} K_{\text{w}}\left(P_{s,w,t}^{\max} - P_{s,w,t}\right) \tag{7-7}$$

$$C_{\text{load}} = \sum_{s=1}^{N_s} \rho_s \sum_{t \in N_{\text{T}}} \sum_{i \in \Omega_{\text{bus}}} (K_{\text{cut}}D_{s,i,t}^{\text{cut}} + K_{\text{il}}D_{s,i,t}^{\text{il}}) \tag{7-8}$$

式中：C_{line} 为新建线路投资成本；C_{ess} 为储能投资和维护成本；C_{ope} 为火电机组及储能运行成本；$C_{\text{w-cut}}$ 为弃风成本；C_{load} 为需求响应成本。式（7-2）为新建线路投资成本，R_l 为网架线路投资的现值转等年值系数；c_l 为线路 l 的建设成本；x_l 为表征线路 l 是否建设的 0-1 变量；式（7-3）为储能系统投资和运维成本，R_{e} 为储能系统投资的现值转等年值系数；d 为贴现率；y_{e}、y_l 为储能系统与网架线路的经济使用年限；R_{om} 为储能运行和维护成本相对于装机成本的比率；$c_{\text{fit}}^{\text{ess}}$ 为储能系统装机成本；c_{power} 与 c_{capacity} 分别为储能单位功率和单位储存能量的建设单价；$P_{i,e}^{\text{rated}}$ 与 $S_{i,e}^{\text{rated}}$ 分别为储能的额定功率与额定容量，$x_{i,e}$ 为是否在 i 节点处建设型号

为 e 的储能系统的 0/1 变量，当 $\sum\limits_{e\in N_{ess}} x_{i,e}=1$ 时，表示在 i 节点处建设型号为 e 的储

能系统，当 $\sum\limits_{e\in N_{ess}} x_{i,e}=0$ 时，则表示不建设；式（7-6）为火电机组及储能的运行成

本，ρ_s 为风机场景 s 出现的概率，$P_{s,g,t}$ 代表风电场景 s 下发电机 g 的出力，a_n、b_n、c_n 为火电机组的运行出力系数，$P_{s,i,t}^{dc}$、$P_{s,i,t}^{ch}$ 分别代表风电场景 s 下储能的充电、放电功率；式（7-7）为弃风成本，K_w 为单位弃风成本；$P_{s,w,t}^{max}$ 为风电预测出力，$P_{s,w,t}$ 为风电实际出力；式（7-8）为需求侧响应成本，K_{cut}、K_{il} 分别为切负荷单价与主动可中断负荷单价；$D_{s,i,t}^{cut}$、$D_{s,i,t}^{il}$ 分别为场景 s 下时段 t 内节点 i 处的切负荷量和可中断负荷量。

4．模型约束条件

（1）已有线路运行约束。具体约束条件如下

$$
\begin{cases}
f_{s,ij,t}^{P}=g_{ij}(V_{s,i,t}-V_{s,j,t})-b_{ij}\theta_{ij}, \forall s\in N_s, \forall ij\in N_L, \forall t\in N_T \\
f_{s,ij,t}^{P}=g_{ij}(V_{s,i,t}-V_{s,j,t})+b_{ij}\theta_{ij}, \forall s\in N_s, \forall ij\in N_L, \forall t\in N_T \\
f_{s,ij,t}^{Q}=-b_{ij}(V_{i,d,t}-V_{j,d,t})-g_{ij}\theta_{ij},, \forall s\in N_s, \forall ij\in N_L, \forall t\in N_T \\
f_{s,ij,t}^{Q}=-b_{ij}(V_{i,d,t}-V_{j,d,t})+g_{ij}\theta_{ij},, \forall s\in N_s, \forall ij\in N_L, \forall t\in N_T
\end{cases}
\tag{7-9}
$$

$$
(f_{s,ij,t}^{P})^2+(f_{s,ij,t}^{Q})^2\leqslant S_{ij}^{max}, \forall s\in N_s, \forall ij\in N_L, \forall t\in N_T \tag{7-10}
$$

式中：$f_{s,ij,t}^{P}$、$f_{s,ij,t}^{Q}$ 为风电场景 s 下线路 ij 在负荷时段 t 的有功、无功潮流；g_{ij}、b_{ij} 分别为输电线路 ij 的电导与电纳；N_L 为已有线路集合；θ_{ij} 为线路 ij 两端点 i、j 的相角差；S_{ij}^{max} 为线路 ij 输电容量的上限，与给定的线路参数有关。

（2）待扩建线路运行约束。

1）不考虑重构场景。不考虑重构场景的运行约束条件如下，其为大 M 法线性化的不等式约束

$$
\begin{cases}
-M(1-x_{ij})\leqslant f_{s,ij,t}^{P}-[g_{ij}(V_{s,i,t}-V_{s,j,t})-b_{ij}\theta_{ij}]\leqslant M(1-x_{ij}), \forall s\in N_s, \forall ij\in N_{L+}, \forall t\in N_T \\
-M(1-x_{ij})\leqslant f_{s,ij,t}^{Q}+[b_{ij}(V_{i,d,t}-V_{j,d,t})+g_{ij}\theta_{ij}]\leqslant M(1-x_{ij}), \forall s\in N_s, \forall ij\in N_{L+}, \forall t\in N_T
\end{cases}
\tag{7-11}
$$

$$
(f_{s,ij,t}^{P})^2+(f_{s,ij,t}^{Q})^2\leqslant x_{ij}S_{ij}^{max}, \forall s\in N_s, \forall ij\in N_{L+}, \forall t\in N_T \tag{7-12}
$$

式中：N_{L+} 为待扩建线路集合；x_{ij} 为表征线路是否投建的 0-1 变量，1 表示该线路建设，0 表示该线路不建设，若线路投建则二进制变量取 1，两不等式均取等号。

2）考虑重构场景。考虑重构场景的运行约束条件如下

$$\begin{cases} -M(1-z_{ij,t}) \leqslant f^P_{s,ij,t} - [g_{ij}(V_{s,i,t}-V_{s,j,t})-b_{ij}\theta_{ij}] \leqslant M(1-z_{ij,t}), \forall s \in N_s, \forall ij \in N_{L+}, \forall t \in N_T \\ -M(1-z_{ij,t}) \leqslant f^Q_{s,ij,t} + [b_{ij}(V_{i,d,t}-V_{j,d,t})+g_{ij}\theta_{ij}] \leqslant M(1-z_{ij,t}), \forall s \in N_s, \forall ij \in N_{L+}, \forall t \in N_T \end{cases}$$

（7-13）

$$(f^P_{s,ij,t})^2 + (f^Q_{s,ij,t})^2 \leqslant z_{ij,t}S^{\max}_{ij}, \forall s \in N_s, \forall ij \in N_{L+}, \forall t \in N_T \tag{7-14}$$

$$z_{ij,t} \leqslant x_{ij}, \forall ij \in N_{L+}, \forall t \in N_T \tag{7-15}$$

$$\sum_{ij \in N_{L+}} (1-z_{ij,t})x_{ij} \leqslant n_0, \forall ij \in N_{L+}, \forall t \in N_T \tag{7-16}$$

式中：$z_{s,l,t}$ 为二进制变量，1 表示待扩建线路投入运行，0 表示待扩建线路切断；x_l 为二进制变量，1 表示线路建设，0 表示线路不建设；n_0 为每时刻允许的线路切断上线数；$V_{s,i,t}$、$V_{s,j,t}$ 分别为风电场景 s 下节点 i 和 j 的电压。

（3）节点功率平衡约束。具体如下

$$\sum_{i=g\_bus(g)} P_{s,g,t} + \sum_{i=w\_bus(w)} P_{s,w,t} + (P^{dc}_{s,i,t} - P^{ch}_{s,i,t}) - (D_{i,t} - D^{lost}_{s,i,t})$$
$$= \sum_{l \in \{Fr(i)\}} f_{s,l,t} - \sum_{l \in \{To(i)\}} f_{s,l,t}, \quad \forall i, \forall s, \forall t, \forall l \tag{7-17}$$

式中：$P_{s,g,t}$ 为风电场景 s 下发电机 g 的出力；$P_{s,w,t}$ 为风电场景 s 下风机 w 的出力；$P^{dc}_{s,i,t}$、$P^{ch}_{s,i,t}$ 分别为风电场景 s 下储能的充放电功率；$D_{i,t}$ 为节点 i 接入的负荷；$D^{lost}_{s,i,t}$ 为风电场景 s 下节点 i 处的失负荷；$f_{s,l,t}$ 为风电场景 s 下线路 l 的潮流。

（4）发电机、风机出力约束。具体如下

$$P^{\min}_g \leqslant P_{s,g,t} \leqslant P^{\max}_g, \forall k, \forall s, \forall g, \forall t \tag{7-18}$$

$$0 \leqslant P_{s,w,t} \leqslant P^{\max}_{w,t}, \forall s, \forall w, \forall t \tag{7-19}$$

式中：$P^{\min}_g$、$P^{\max}_g$ 分别为发电机 g 的出力最小值、最大值；$P_{s,g,t}$ 为发电机组出力；$P_{s,w,t}$ 为风机出力；$P^{\max}_{w,t}$ 为风机出力的最大值。

（5）储能充放电约束。具体如下

$$0 \leqslant P_{s,i,t}^{\text{ch}} \leqslant \rho_{s,i,t}^{\text{ch}} P_i^{\max} \tag{7-20}$$

$$0 \leqslant P_{s,i,t}^{\text{dc}} \leqslant \rho_{s,i,t}^{\text{dc}} P_i^{\max} \tag{7-21}$$

$$\rho_{s,i,t}^{\text{ch}} + \rho_{s,i,t}^{\text{dc}} \leqslant 1 \tag{7-22}$$

$$P_i^{\max} = \sum_{e \in N_{\text{ess}}} (P_{i,e}^{\text{rated}} x_{i,e}) \tag{7-23}$$

$$S_{i,s,t} = S_{i,s,t-1} + \mu^{\text{ch}} P_{i,s,t}^{\text{ch}} - \mu^{\text{dc}} P_{i,s,t}^{\text{dc}} \tag{7-24}$$

$$S_i^{\min} \leqslant S_{i,s,t} \leqslant S_i^{\max} \tag{7-25}$$

$$S_i^{\min} = \sum_{e \in N_{\text{ess}}} (S_{i,e}^{\min} x_{i,e}) \tag{7-26}$$

$$S_i^{\max} = \sum_{e \in N_{\text{ess}}} (S_{i,e}^{\text{rated}} x_{i,e}) \tag{7-27}$$

$$\sum_{i \in \Omega_{\text{bus}}} x_{i,e} \leqslant 1 \tag{7-28}$$

式中：$P_{s,i,t}^{\text{ch}}$、$P_{s,i,t}^{\text{dc}}$ 分别为在第 s 天第 t 时刻下安装在节点 i 处储能系统充电与放电的功率；$P_i^{\max}$ 为储能系统的最大充放电功率；$\rho_{s,i,t}^{\text{ch}}$、$\rho_{s,i,t}^{\text{dc}}$ 分别为储能系统充电、放电状态的 0-1 变量，在第 s 天第 t 时刻节点 i 处，如果 $\rho_{s,i,t}^{\text{ch}}$ 为 1 则表示此时储能系统处于充电状态，如果 $\rho_{s,i,t}^{\text{dc}}$ 为 1 则表示此时储能系统处于放电状态，在任一时刻二者相加小于等于 1，表示任一时刻储能系统只能进行充电或者只能进行放电；μ^{ch}、μ^{dc} 分别为储能系统的充电与放电效率；$S_{i,s,t}$、$S_{i,s,t-1}$ 分别为第 s 天第 t、$t-1$ 时刻 i 节点处的储能系统所储存的能量；$S_i^{\min}$、$S_i^{\max}$ 分别为该储能系统储存能量的上限、下限，避免过度充电或过度放电损害储能系统的寿命；$P_{i,e}^{\text{rated}}$、$S_{i,e}^{\min}$、$S_{i,e}^{\text{rated}}$ 分别为所选型号为 e 的储能系统充放电功率上限以及容量的上限、下限；$x_{i,e}$ 为是否在 i 节点处建设型号为 e 的储能系统的 0-1 变量，当 $\sum_{e \in N_{\text{ess}}} x_{i,e}=1$ 时，表示在 i 节点

处建设型号为 e 的储能系统，当 $\sum_{e \in N_{\text{ess}}} x_{i,e}=0$ 时，则表示不建设。储能自放电因

素对计算结果影响较小，本算例不再考虑。

式（7-20）、式（7-21）为储能系统的充放电约束，式（7-22）为充放电逻辑约束，式（7-23）为安装在节点 i 处的储能出力上限约束，式（7-24）～式（7-27）为储能系统存储能量变化约束，式（7-28）表示同一节点处最多安装一种类型的

储能系统。

（6）需求侧响应约束。具体如下

$$0 \leqslant D_{s,i,t}^{\text{cut}} \leqslant D_{i,t} \tag{7-29}$$

$$0 \leqslant D_{s,i,t}^{\text{il}} \leqslant D_{i,t} - D_{s,i,t}^{\text{cut}} \tag{7-30}$$

式中：$D_{s,i,t}^{\text{cut}}$ 为风电场景 s 下 t 时段内节点 i 的切负荷；$D_{i,t}$ 为 t 时段内节点 i 的有功负荷；$D_{s,i,t}^{\text{il}}$ 为风电场景 s 下 t 时段内节点 i 的可中断负荷。

式（7-29）表示节点切负荷量为非负值，且上限为节点处的有功负荷量；式（7-30）表示节点可中断负荷量为非负值，且上限为除去切负荷外剩余的有功负荷。

（7）典型日机组组合约束。具体如下

$$(U_{g,t}, P_{g,t}) \in \psi \tag{7-31}$$

式中：$U_{g,t}$ 为机组启停标志位；$P_{g,t}$ 为机组 g 在时段 t 内的功率。

式（7-31）代表机组组合约束集，该约束集包含最小启停时间约束、爬坡约束、机组输出功率技术限制等。

二、适应源–网–荷–储协调发展的智能化配电网规划算例分析

本部分以改进后 IEEE-34 节点系统为例，系统中共有 34 个节点，26 台发电机组，33 条已有线路，33 条待扩建线路，所有线路均可考虑重构，改进的 IEEE-34 节点系统结构如图 7-4 所示。3 台容量为 500kW 的风电机组分别接在 2、15 节点和 23 节点，风电实际出力服从高斯分布且分为 5 个场景，切负荷成本设定为 5000 美元/MWh，弃风惩罚成本设定为 500 美元/MWh。待扩建 6 类储能系统，待选储能系统安装节点分别为 8、10、15、17、19、22，待选储能的容量上限分别设置为 300、300、400、500、700、800kW，其最大功率分别为 60、60、80、100、140、160kW。储能单位容量建设成本设置为 90000 美元/MW，采用某一典型日 24h 的负荷值代替一年的负荷值，典型日有功/无功负荷预测值如图 7-5 所示。

风电波动标准差 σ_t 设置为预测值的 20%，假设风电出力波动服从高斯分布，将其预测出力进行离散化。设置五种算例场景，分别为 case1～case5。case1 为不考虑风电波动的不确定性；case2 为考虑 1 个标准差内的风电波动，在 ±σ 处将风电出力截断，离散为 3 个场景；case3 为考虑 2 个标准差内的风电波动，在 ±2σ 处

将风电出力截断，离散为 5 个场景；case4 为考虑 3 个标准差内的风电波动，在 $\pm 3\sigma$ 处将风电出力截断，离散为 7 个场景；case5 为考虑 4 个标准差内的风电波动，在 $\pm 3\sigma$ 处将风电出力截断，离散为 9 个场景，其他初始条件设置完全相同。算例在主频 3.2GHz、内存 8G 的电脑上，基于通用代数建模系统（GAMS）平台编程并调用商业求解器完成。线路最优潮流结果见表 7-2，对 3 种规划场景优化得到的各线路 t_1 时刻线路潮流结构进行分析，正负号代表潮流方向；系统优化成本结果见表 7-3，新建机组及重构结果见表 7-4。

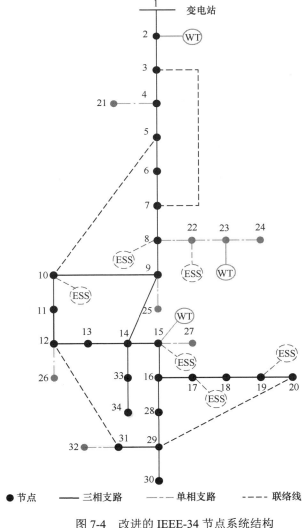

图 7-4　改进的 IEEE-34 节点系统结构

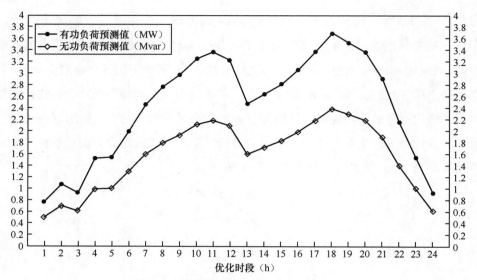

图 7-5 典型日有功/无功负荷预测值

表 7-2 线路最优潮流结果 单位：kW

线路编号	最优潮流结果（case1）	最优潮流结果（case2）	最优潮流结果（case3）	最优潮流结果（case4）	最优潮流结果（case5）
$ij1$	2.4	2.4	2.4	2.4	2.4
$ij2$	2.4	2.4	2.4	2.4	2.4
$ij3$	2.4	2.4	2.4	2.4	2.4
$ij4$	2.4	2.4	2.4	2.4	2.4
$ij5$	2.4	2.4	2.4	2.4	2.4
$ij6$	20.0	4.0	4.0	10.0	13.3
$ij7$	20.0	4.0	4.0	4.0	4.0
$ij8$	4.0	4.0	4.0	4.0	0.0
$ij9$	4.0	4.0	4.0	4.0	0.0
$ij10$	53.7	53.7	53.7	53.7	53.7
$ij11$	53.7	53.7	53.7	53.7	53.7
$ij12$	53.7	53.7	53.7	52.9	0.0
$ij13$	53.7	53.7	53.7	15.2	0.0
$ij14$	51.0	51.0	51.0	51.0	51.0
$ij15$	51.0	51.0	51.0	51.0	51.0
$ij16$	51.0	51.0	51.0	51.0	51.0
$ij17$	155.0	155.0	113.7	131.3	54.2

线路编号	最优潮流结果（case1）	最优潮流结果（case2）	最优潮流结果（case3）	最优潮流结果（case4）	最优潮流结果（case5）
$ij18$	155.0	155.0	155.0	54.2	54.2
$ij19$	155.0	155.0	142.0	128.5	116.1
$ij20$	155.0	155.0	139.0	108.5	54.2
$ij21$	68.9	68.9	68.9	68.9	68.9
$ij22$	68.9	68.9	68.9	68.9	68.9
$ij23$	68.9	68.9	68.9	68.9	68.9
$ij24$	350.0	350.0	350.0	350.0	350.0
$ij25$	400.0	400.0	400.0	400.0	400.0
$ij26$	155.0	155.0	142.0	128.5	128.5
$ij27$	155.0	155.0	139.0	108.5	108.5
$ij28$	68.9	68.9	68.9	68.9	68.9
$ij29$	68.9	68.9	68.9	68.9	68.9
$ij30$	68.9	68.9	68.9	68.9	68.9
$ij31$	155.0	155.0	142.0	128.5	128.5
$ij32$	350.0	350.0	350.0	350.0	350.0
$ij33$	400.0	400.0	400.0	400.0	391.1

表 7-2 中 case1～case5 分别对应风电预测出力落在 $+2\sigma$、$+\sigma$、0、$-\sigma$、-2σ 时的场景。由表 7-2 中数据可以发现，风电出力波动将显著改变系统潮流分布，波动边界场景下部分通道容量越限的风险增加，风电输出功率的不确定性增大了系统安全运行的调控压力。

表 7-3　　　　　　　　　　系统优化成本结果

场景	新建线路投资成本（万元）	新建储能投资成本（万元）	运行成本（万元）	总成本（万元）
case1	0	0	280.866	280.866
case2	0	12.291	407.108	419.399
case3	18.930	24.523	481.604	525.057
case4	41.010	20.411	557.999	619.420
case5	64.080	25.362	660.171	749.613

由表 7-3 可知，总成本与波动程度呈正相关。当风电输出功率的不确定性增

强时：①部分通道存在越限风险，需进行线路改造以提升系统对该出力随机性的适应能力，线路投资成本提高；②调用火电机组与需求侧响应消纳风电以避免高额弃风惩罚，系统运行成本提高；③新建储能设备满足火电与负荷侧响应达到约束边界后的系统调节需求，储能投资成本提高。

表 7-4　　　　　　　　　　新建线路及重构结果

场景	新建线路编号	重构标志位（1 表示该线路发生重构）
case1	无	无
case2	无	2（1）、9（1）
case3	10、18、26	2（1）、11（1）
case4	12、13、17、19、20、24、26	2（1）、3（1）、10（1）
case5	7、12、13、17、19、20、24、26、28、30、32	2（1）、9（1）、10（1）、11（1）

由表 7-4 可知，风电波动程度的增加对电网改造及重构提出了新的要求，case1～case5 线路的投建数量不断增多。同时，为相对减少线路改造成本，系统对部分线路进行重构，通过改造拓扑结构实现潮流的优化分配，以此来提高网络结构的可靠性与规划模型的经济性、灵活性。

综上，为满足源网荷储互动发展要求，除合理新建及扩容线路外，应全面评估源侧、荷侧调节资源的经济性，加强火电机组深度调峰能力及需求侧响应能力建设，与新型储能共同承担新能源波动性引发的调节需求；健全调节成本疏导机制，公平承担系统调节责任。

思考题

1. 简述配电网智能化发展目标、发展模式及发展路径。

2. 配电网智能化发展依赖哪些关键技术及配套设备？

3. 梳理地区电网现状，并对地区电网开展智能化规划。

第八章 有源配电网演进路径发展策略

了解配电网不同发展阶段下的功能形态演进路径，掌握新型电力系统背景下配电网的要素、形态和特征；了解新型配电网发展形态推进策略。

第一节 配电网不同发展阶段下功能形态演进路径

配电网作为经济社会发展的重要基础设施，是联系能源生产和消费的关键枢纽，是服务国家实现"双碳"目标与"建设新型电力系统"目标的基础平台。精准研判新型电力系统背景下配电网的发展及演变路径，加快推进配电网高质量发展，对推动能源电力低碳转型、构建以新能源为主体的新型电力系统，具有重要的现实意义。

一、新型电力系统背景下配电网要素、形态和特征

1. 未来配电网要素

随着能源转型的深入推进和新型电力系统的建设，配电网将发生巨大改变。在电源侧，风光等可再生能源大规模发展，配电系统呈现高比例可再生能源、高比例电力电子设备的"双高"特征，电能供给波动性增强；在电网侧，交直流混合配电网、微电网等形态多样化发展将增加配电网规划运行复杂性；在负荷侧，负荷从单一用电"消费者"变为发用电一体"产消者"，电、冷、热、气等多种能源在用户端相互耦合、灵活转换，配电网面临更加精准化、互动化、个性化服务需求；在储能侧，向集中式与分布式灵活互补、能量型与功率型有机复合、储电与储热、冷、氢多元化方向发展。各类新型储能和蓄冷/热装置的广泛应用，与电网规划、运行深度耦合，给配电网发展带来深刻影响。

2．未来配电网形态

通过高压坚强支撑、中压灵活互联、低压形态多元等新型架构，重塑垂直单一的传统电网格局，运用人工智能、边缘计算、实时通信、区块链等技术为核心的协调管控系统，构建多能耦合互补互济、源网荷储高效互动、交直流多形态混联的未来配电网。

（1）物理形态方面。在配电网网格化特征上叠加能源互联网形态，形成柔性互联的能源网格。以供电网格、供电单元、供电区块分别作为高压配电网、中压配电网、低压配电网最小自治单元。供电网格层级，高压变电站构建互联互通结构，形成安全稳定的电能分配平台，实现区域内资源优化配置。供电单元层级，10kV 标准接线组纵向连接分布式电源、多元化负荷、新型储能设施等，横向连接中压微电网、局部直流电网等，实现单元内能源相互支撑与平衡。供电区块层级，以配电变压器台区作为基本单元，区域内源、网、荷、储要素多样，低压微网、直流系统、分布式能源系统形态多元，构建低压分布式电源消纳单元。

（2）控制形态方面。具有分层集群结构特征，通过能量路由器和能量管理系统，实时采集"站线变户"等电网设备和用户信息，实现分布式能源和负荷的主动管理和优化控制，引导源、荷、储就地平衡，更好地就地就近消纳分布式可再生能源，满足用户用能需求。建设功能完善、响应迅速的继电保护和配电自动化系统，提升故障快速隔离和自治自愈能力。依托可调节、可中断负荷和坚强电网结构，构建安全防御体系，增强配电网的弹性韧性，提高配电网异常恢复和极端情况下的生存能力。

（3）业务形态方面。配电网成为开放式系统、生态化平台，最终演变成能源互联网。以坚强智能电网为载体，通过物理配电网与信息系统高度融合，实现供给侧、需求侧的双向友好互动和灵活调节。在优质供电服务基础上，向用户提供电能替代、能效感知、清洁能源、多能协同、共享储能、需求响应、智能充电等增值服务，构建"互联网+"现代业务新模式，形成各类主体深度参与、高效协同、共治共享的能源电力生态圈。

3．未来配电网特性

随着可再生能源渗透率不断提高，以分布式可再生能源和微电网为重点的多元电力供应系统将逐渐改变传统配电网的形态，与传统配电网相比，未来配电网将具备以下特征。

（1）配电网将呈现交直流混联特征。由于分布式电源、储能和负荷中存在大量直流设备，在技术经济比较优势下，未来配电系统将从传统交流配电网向交直流混联配电网转变，配电系统规划复杂性、灵活适应性显著提升。配电网通过区域自治与总体协调相结合的运行方式，实现清洁能源的有效消纳和灵活调度。

（2）微电网将成为配电网有机组成部分。微电网具备自平衡、自管理、自调节能力，拥有独立能量管理系统，可将分布式新能源与储能、需求侧响应等灵活性资源就近聚合为可控单元。微电网配合分布式新能源的大规模发展，可以实现"局域供需匹配、广域协同支撑"，是配电侧源-网-荷-储一体化的一种实现方式，在构建以新能源为主体的新型电力系统形势下，其作用将更加明显。

（3）物理配电网与信息系统高度融合。以新能源为主体的新型电力系统中，为实现海量发散、随机供用对象的智能协同控制，需要建设物理与信息系统高度融合的配电系统。依托信息系统和配电网一、二次设备之间紧密融合协作，突破现有"源随荷动"的运行机制，高容量承载间歇性可再生能源。智能终端全覆盖，电网状态全感知，云平台和中台支撑多元智慧应用，电力大数据价值得到发挥，配电网呈现数字化、可视化、智慧化的特点。

（4）配电网将向能源互联网转变。在配电系统中，分布式发电设备、电网设备、用户之间能够进行实时的信息交换，通过系统侧和本地侧的协同管理，并根据不同用户的能源用量、时间段、使用形式等，实现清洁电能与气、冷、热、氢等能源互联互通、互济互动。配电网从电能分配者逐步向能源互联网转变，提供绿色、智能、可定制的供能服务。

二、新型配电网演变路径研究

新型配电网演变路径如图 8-1 所示，考虑经济社会和能源电力发展规划，结合配电网实际情况，提出配电网发展的三个阶段。

1. 第一阶段：加速转型期——夯实基础、智能示范

（1）电源侧。新能源大规模友好接入，分布式可再生能源装机 4000 万 kW 左右。

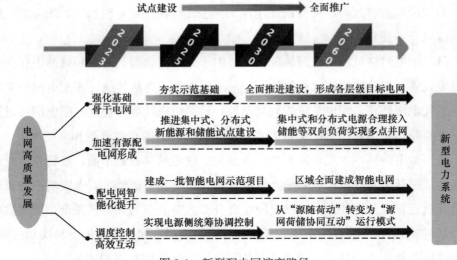

图 8-1　新型配电网演变路径

（2）电网侧。高压配电网实现链式结构，10kV 联络率基本达到 100%，电网智能监测终端大规模配置，建成"泛在连接、精确授时、精准定位"的配电网通信网。

（3）负荷侧。电动汽车等新型负荷大规模发展，灵活调节资源占比达到 5% 以上。

（4）储能侧。压缩空气、电化学等新型储能装机 450 万 kW，源-网-荷-储体系初步发展，建成一批新型电力系统示范工程。

2．第二阶段：建设提升期——量变到质变

（1）电源侧。新能源装机占比约 67%。

（2）电网侧。交流与直流、大电网与微电网多种形态协调发展，物联网、人工智能技术融入电力生产各环节。

（3）负荷侧。电动汽车广泛应用，需求响应规模占比 8% 左右。

（4）储能侧。系统储能多样化发展，新型储能装机达到 1000 万 kW 以上，源-网-荷-储体系趋于完善，基本建成新型电力系统。

3．第三阶段：巩固完善期——质变到跃变

（1）电源侧。新能源逐步成为电力电量供应主体，全面具备主动支撑能力，在系统中发挥主体作用。

（2）电网侧。微电网、交直流混合配电网等形态灵活耦合，全面实现电网数字化、智慧化。

（3）负荷侧。需求侧响应深度参与电网平衡。

（4）储能侧。储能技术成熟，系统支撑能力凸显，全面建成新型配电系统。大电网、分布式电源、微电网、区域交直流组网融合发展，源、网、荷、储等多要素灵活互动，电、气、冷、热、氢等多能有效互补。

第二节　新型配电网发展形态推进策略

随着分布式光伏规模化开发的深入推进和新型电力系统建设，源、网、荷、储四侧发展将对未来配电网产生深刻影响。基于国家发展战略，为满足能源革命要求，参考国内外先进水平，围绕保障可靠供电、满足未来负荷发展、考虑未来电网发展趋势，打造"清洁低碳、安全可控、灵活高效、智能友好、开放互动"的新型配电网，构建新型配电网主要评价指标体系。

按照性质不同，将发展指标划分为三类：一是约束性指标，即满足现状电网发展需求、落实国家重大战略，消除制约电网发展的薄弱环节，涵盖设备重过载，110（35）kV 变电站、线路不满足"$N-1$"，中压线路不满足"$N-1$"（C 类及以上供电区域）等内容；二是预期性指标，即建设满足经济社会发展预期，保障电力安全优质供应的配电网，涵盖电网结构标准化率、资产效率、综合线损率、配电自动化覆盖率，线路平均供电半径等内容；三是引导性指标，即引领未来配电网发展，满足能源互联网建设要求的新型数字基础设施建设，涵盖建设电动汽车充换电设施建设、发展需求侧响应等内容。配电网演变升级的核心指标见表 8-1。

表 8-1　　　　　　　　　　配电网演变升级的核心指标

序号	典型特征	指标名称	属性
1	清洁低碳	可再生能源装机容量	
2		可再生能源发电利用率	
3		电能占终端能源消费比重	
4		通过电网实现碳减排量	

序号	典型特征	指标名称	属性
5	安全可控	配电网结构标准化率	
6		35～110kV 电网 $N-1$ 通过率	
7		10kV 电网 $N-1$ 通过率	
8		分布式电源可观可测可控率	
9		城乡用户平均停电时间	
10		综合电压合格率	
11		10kV 线路三级保护覆盖率	
12		配电线路短路故障自愈率	
13		单相接地故障就近快速切除率	
14	灵活高效	灵活调节资源占比	
15		获得电力便利度	
16		电动汽车有序充电台区覆盖率	
17		综合线损率	
18		电网设备利用率	
19	智能友好	配电网有效感知率	
20		配电自动化标准化配置率	
21		配电网通信网覆盖率	
22		台区智能融合终端覆盖率	
23		低压营配贯通率	
24		数字化发展指数	
25	开放互动	能源互联网技术水平	
26		客户侧需求响应能力	
27		"供电+能效"服务覆盖率	
28		能源互联网客户感知度	
29		负荷实时互动水平	

对新型配电网发展形态的评估可从以下七个方面进行。

一、配电网规划水平与资源优化配置能力

1. 配电网规划引领作用发挥

对网格化规划方法应用、新能源发展情况、能源互联网规划开展情况进行充分评估。

在电源侧，加强新能源消纳能力分析，推动屋顶分布式光伏等新能源开发利用。

在电网侧，变革传统配电网规划以"用电负荷定规划"的原则，电力电量平衡上考虑源、网、荷、储多重因素，重构目标网架；问题解决思路上由"网随荷变"转变为源荷储多向驱动配电网建设；网架结构上，大力推广配电网典型模式、标准接线，构建多层互联互通结构，负荷转供灵活充裕，与主网协调发展，适应分布式电源、微电网、多元负荷规模化发展需要。统筹推进配电网一、二次和信息系统融合规划，提升配电网互联互济能力和智能互动能力，有效支撑分布式能源开发利用和各种用能设施"即插即用"。

在负荷侧，开展面向用户体验的配电网灵活规划，从规划源头建立灵活性资源高效利用典型场景，实现用户无感知下的需求互动和节能增效。

2．电压等级序列优化情况

优化配置电压序列，简化变压层次，避免重复降压。根据供电区域划分，统筹考虑、合理布局建设 110（35）kV 站点，适应地区经济发展和城镇化建设。

3．配电网资源配置能力

根据源荷储要素特征构建分层、分级资源优化配置模式，提升新能源消纳能力、负荷平衡能力，提高配电网利用效率。低压配电网为第一级，以配电变压器台区为单元，统筹低压分布式电源和用电负荷，集成优化供需资源，推进分布式电源就地消纳。中压配电网为第二级，以供电单元为单位统筹中压线路资源配置，实现源-网-荷-储一体化。高压配电网为第三级，以供电网格为单位开展区域能源平衡，构建坚强标准网架与主网相连，实现总体协调与区域自治相结合。

二、数字化转型程度与配电网智慧化水平

1．配电智慧物联建设水平

评估配电网全环节智慧物联建设和智能感知终端覆盖率，推动感知层终端资源共享共用，实现状态全感知、业务全穿透。加快配电网通信网建设，统筹光纤专网、无线公网、5G 等多技术及通信接入方式融合建设，建成"泛在连接、精确授时、精准定位"的配电网通信网。未来三年，依托公司电力 5G 专网，有效解决配电网分布式新能源可观可测、群调群控需求。推进中压配电网架空线路、

电缆通道、配电站房等智慧物联体系建设，打造配电物联设备生态圈。

2．电网数字化发展水平

推动实物 ID 在设备采购、安装、运行、退役等全链条业务场景落地应用。以统一的配电网业务数据核查工具为抓手，开展存量基础数据质量治理和监控，推进中压设备图模治理，统一电网模型及数据维护微服务，奠定配电网数字化转型基础。着力推动能源转型与数字技术深度融合，开展基于软件定义网络（SDN）与智慧物联的弹性智能边缘接入网建设，实现电力物联设备的即插即用、灵活管控和安全隔离。深化云平台与企业中台建设，建成基于云边协同的数据中心，提供企业级共性数字服务。大力加强 5G、人工智能等数字化技术推广应用，探索搭建数字孪生电网，有效支撑风、光、水、火互补互济和源、网、荷、储全要素在线协同。推进关键系统建设应用，深化源-网-荷-储协同调控平台、智慧能源服务平台、新一代电力交易平台、储能云平台应用，创新"网上电网"网上管理、图上作业、线上服务新模式，加快推进企业数字化转型。

3．智能感知台区建设情况

试点开展电力线宽带载波（HPLC）和智能感知技术应用，研发基于"大数据"分析的拓扑精准识别技术，推进精品台区建设，深入挖掘边缘计算功能，实现台区拓扑识别、低压用户停电主动研判、三相不平衡监测治理、线损分相分级计算、计量装置失准在线监测分析等深化功能应用。采用高频通信、智能控制、"云云对接"、分布式储能等方式，实现分布式光伏可观、可测、可控、可调。打造集源、网、荷、储互动，用能优化控制等智慧功能应用于一体的海绵台区。

4．智能运检故障处置能力

拓展自动化覆盖深度，按照"分段、联络、大分支首段自动化设备全覆盖，自动化区间标准化配置"原则，开展自动化达标专项治理。低压运检向"全息感知+工单驱动"模式升级，突破低压感知盲区，依托"大云物移智"等技术，实现低压设备运行状态、用户供电状态实时感知。贯通电网资源业务中台、云主站和配电自动化一区主站数据模型和业务流程，深化配电网移动作业应用，实现配电网运检作业数字化转变。利用泛在电力物联网技术，将传统的"电话报修"升级为"互联网+抢修"。开展供电服务指挥系统中台化改造，深化供电服务指挥中心运营，建立"过程可追溯、结果可核查、责任可追究"的配电网运维痕迹管理和责任追溯机制。

三、调节能力建设与配电网运行灵活水平

1．新型储能规模化应用程度

配合主管部门开展电网侧储能统一规划布局研究，引导储能科学有序发展。支持电源侧储能建设，积极服务用户侧储能发展，足额配置储能的新能源场站优先并网。开展储能成本分担原则和机制研究，建立新型储能安全管理体系。

2．需求侧响应灵活互动水平

结合电力市场建设，拓展多类型负荷聚合、打包代理服务，构建需求响应负荷资源容量和电能量市场有效协调、中长期和现货交易有序衔接的需求侧响应市场化机制。构建省、市、县负荷资源聚合体系，广泛聚合工业负荷、非工业空调负荷、电动汽车充电负荷等需求响应资源，依托省级智慧能源服务平台，实现需求响应资源可观、可测、可调节。扩大需求响应规模，推动虚拟电厂市场化应用，深挖用户侧灵活性资源，实现需求响应市场常态化运行。

四、调度转型升级与配电网调度控制水平

1．适应电力绿色低碳转型的平衡控制和新能源调度体系建设情况

推广长周期资源评估和功率预测技术，提高新能源预测精度。研究适应分布式新能源大规模接入的负荷预测技术及标准。加强电网统一调度，充分发挥源、网、荷、储各类调节资源作用，保障电力可靠有序供应。

2．适应分布式电源发展的新型配电调度体系建设情况

建设贯穿"省市县"三级的分布式电源调度管理系统，推动 10kV 及以上电压等级分布式电源与集中式电源同质化管理，构建全景观测、精准控制、主配协同的新型有源配电网调度模式。探索以虚拟电厂、负荷聚合商等形式，利用市场机制引导低压分布式电源按照电网供需动态调整发电出力。强化"5G+智能电网"调控应用，满足海量分布式电源调度通信需求，实现广域源、网、荷、储资源协调控制。研究基于先进通信的配电网保护、主动配电网运行分析及协调控制等技术，全面升级配电网二次系统，实现方式灵活调节和故障快速隔离。

分布式光伏规模化接入的配电网规划

五、源－网协调发展与新能源开发利用水平

1．源-网协同规划情况

充分发挥规划在未来配电网建设中的引领作用，配合政府做好可再生能源规划，明确发展规模和区域指标，结合电源发展情况和远景电网形态，落实年度建设安排和具体项目。

2．新能源及时同步并网保障能力

重点围绕窗口一站式服务、信息公开和政企协同开展管理提升试点工作，开创接网服务优质高效、电网服务公开透明、规划项目高效落地的接网管理新局面。开辟风电、光伏发电等新能源配套电网工程规划、前期、建设等阶段"绿色通道"，确保无缝衔接。

3．源-网-荷-储互动水平

探索试点多能微网、柔性互联及交直流混联等新型网络形式，增强并网电力电子设备的低电压穿越能力，以适应分布式能源、电动汽车、储能等多元化设施灵活接入需求，提升配电网综合承载能力。建设源-网-荷-储协同调度控制技术手段，实现源-网-荷-储各类调节资源的全景监视。根据各类电源和负荷的运行特性和技术要求，统筹考虑调频、调峰、新能源消纳等因素，实现源-网-荷-储协同控制。优化双高有源配电网的定值整定策略和保护配置原则，提出以新能源为主的新型配电网继电保护解决方案。

4．分布式新能源和微电网发展水平

进一步完善相关制度标准体系，简化管理流程，压缩工作时限，实现分布式新能源"应并尽并"。研究微电网功能定位、发展模式、运行机制，做好并网型微电网接入服务。

六、绿色低碳发展与配电网节能减排水平

1．电能替代广度深度拓展情况

推动成熟电能替代技术发展和应用，在商业综合体、学校、医院、港口、机场、旅游景区及农产品烘干企业等重点场所基本实现全电化；推动新型电能替代技术落地应用，加快高温蒸汽热泵、电制氢、电动重卡及海水淡化等领域的示范

工程落地；加快乡村电气化提升工程建设，持续推进清洁取暖"煤改电"。

2．综合能源服务水平

结合地方资源禀赋、产业结构和能源消费特点，以公共建筑、新能源、新基建、多能供应及储能等为重点，积极拓展以电为中心的综合能源服务，及时做好配套电网规划及建设工作，保障综合能源服务项目的可靠电力供应，助力提升社会能效、降低客户用能成本。针对不同用户性质和用能场景灵活运用投资运营、合同能源管理、工程承包等多种商务模式，提供个性化的综合能源解决方案。依托省级智慧能源服务平台定期发布能效分析报告，并提供在线能效诊断、智能运维、智慧能源托管等能效服务，指导用户节能。

3．服务新能源汽车发展水平

拓展电动汽车充换电市场，推动社会节能提效，提高交通领域终端消费电气化水平。扩大智慧车联网平台规模、深挖平台价值，利用电动汽车的源-荷特性，推动电动汽车深入参与电网运行，聚合车网互动（V2G）桩、换电+储能站等负荷资源，开展调峰、调频、需求响应等电网互动，解决电网面临的峰时负荷高、新能源接入消纳等难题，服务电网安全稳定运行。以大型公共建筑物、社会公共停车场、文化娱乐停车场、旅游景区停车场等场所为重点，加快布局城乡充电设施快速服务网络，加强配套电网建设和老旧设备改造升级，通过宽电压改造、站址迁移等方式，提高充电服务能力，改善用户充电体验。积极探索小功率直流充放电、超级充电、V2G 等示范应用，推动客户侧负荷资源广泛接入虚拟电厂，进一步完善虚拟电厂商业模式和交易机制，推动电动汽车等新型柔性负荷参与迎峰度夏需求响应，促进可再生能源消纳，优化电网运行状态，降低用户用电成本。

4．电网节能减排能力

加强电网规划设计、建设运行、检修运维各环节绿色低碳技术研发，实现全过程节能提效。深入实施电网规划设计"两个融合"，推动环境与资源利用节约。加强 SF_6 气体回收处理、循环再利用和电网废弃物环境无害化处置，保护生态环境。推广节能新设备、新技术应用，靶向改造过载及高损、高耗能设备，精准控制配电变压器空载损耗，优化无功补偿配置，确保配电变压器功率因数保持 0.95以上。开展基于物联网全景感知的节能降损示范建设。优化完善线损管理评价和激励机制，推动市县一体全要素发力，持续提高电网节能管理水平。

七、科技攻关、示范建设与发展支撑能力

1. 关键技术研究应用水平

深化配电网分布式能源安全经济消纳技术研究，明确高渗透率分布式能源接入后配电网形态、功能变化，制定配电网优化自治与低碳运行、状态全景感知与综合管控策略，以提升配电网综合承载能力，满足清洁能源足额消纳和多元化负荷灵活接入需求，推动配电网由传统"无源"单向辐射网络向"有源"双向交互系统转变。加大支撑高比例分布式资源的配电网形态与管控体系构建技术研究，提出支撑高比例分布式资源的配电网发展新形态及其演变路径，构建配电网新形态下的能源数字化协同体系与资源配置平台，实现配电网承载能力动态评估和分布式资源协同互动，实现配电网对分布式电源、充电设施及多利益主体能源接入的高效服务和互动支撑。加大配电网业务资源协同及互操作关键技术研究，重点研究"数据互操作、设备灵活接入、业务高效协同"三大关键技术，满足配电网对海量充电桩、分布式电源等监控设备数据接入管控，以及跨业务、跨应用、跨角色数据共享与业务应用需求。加大设备智能化技术研究，推广成熟先进检测监测技术应用，实现主设备关键状态参量全面采集、实时监测，提升设备状态管控能力。加强技术标准与科技攻关协同融合，强化国家标准、行业标准、团体标准和国网企业标准创制，持续优化优势领域国际标准布局。强化协同创新、成果孵化、转化服务、应用推广全链条管理，服务新型电力系统构建。

2. 分布式光伏规模化开发样板打造能力

深入贯彻国家决策部署，全面落实有关工作要求，成立工作专班，深入摸排屋顶资源，科学测算分布式光伏开发潜力，分层分区开展分布式光伏消纳能力研究，优化分布式光伏电力电量平衡方法，主动服务整县屋顶分布式光伏接网运行。建设低压分布式光伏就地消纳管理示范区，提升低压分布式光伏消纳、平衡调节和安全承载能力。依托分布式光伏规模化开发，积极打造试点示范，形成可复制、可推广的典型经验，引领分布式光伏开发安全科学有序发展。

3. 能源互联先行示范推进水平

推动形成"双碳"目标与"构建新型电力系统"目标城市级电网实践，打造客户侧能源互联网典型示范，实现客户侧源、网、荷、储全要素可观、可测、可

控，智能量测设备全量覆盖接入，客户用能全量可知、可测、可调，负荷全量在线聚合。深度应用中低压配电网物联技术，推动能源架构、信息系统、经济社会深度融合。

思考题

1. 新型电力系统背景下，配电网具有哪些要素、形态和特征？

2. 新型配电网有几个发展阶段？各阶段有何特点？

3. 简述新型配电网发展形态推进策略。